岭南传统聚落与乡土景观丛书

丛书主编　　潘莹 施瑛

教育部人文社会科学基金"快速城镇化背景下岭南水乡围田景观空间基因与理景方法研究"（编号：23YJC760027）、国家社会科学基金"传统村落物质实体构成及内涵价值研究"（编号：17BSH038）和广州市基础研究计划基础与应用基础研究项目"大都市边缘区乡村景观演变机理与规划应对研究——以广州为例"（编号：202201010210）资助项目

高海峰　著

粤西北部地区县域景观格局与发展

中国建材工业出版社

北　京

图书在版编目（CIP）数据

粤西北部地区县域景观格局与发展 / 高海峰著 . --
北京：中国建材工业出版社，2024.8
（岭南传统聚落与乡土景观丛书）
ISBN 978-7-5160-3711-9

Ⅰ . ①粤… Ⅱ . ①高… Ⅲ . ①乡村－景观－研究－广
东 Ⅳ . ① TU986.2

中国国家版本馆 CIP 数据核字（2023）第 010130 号

粤西北部地区县域景观格局与发展
YUE XI-BEIBU DIQU XIANYU JINGGUAN GEJU YU FAZHAN
高海峰　著

出版发行：中国建材工业出版社
地　　址：北京市西城区白纸坊东街 2 号院 6 号楼
邮政编码：100054
经　　销：全国各地新华书店
印　　刷：北京印刷集团有限责任公司
开　　本：710mm×1000mm　1/16
印　　张：16.25
字　　数：240 千字
版　　次：2024 年 8 月第 1 版
印　　次：2024 年 8 月第 1 次
定　　价：**79.80 元**

前　言

　　景观格局所承载的生态系统服务功能是人类生存和发展的重要基础，以发展为目的的人类活动深化了对景观格局的影响。党的二十大报告明确指出，现阶段我国社会主要矛盾已经转化为人民日益增长的美好生活需要和不平衡不充分的发展之间的矛盾，我们坚持绿水青山就是金山银山的理念。在这样的背景下，县域是诸多问题集中体现的区域，本书的研究对象粤西北部地区的各县域就是这类区域的典型代表。本书编写目的在于探讨县域发展与景观格局变化之间的关系。

　　本书的研究思路是将县域的景观格局变化和县域的发展看作一套系统中的两套子系统，分别对两套子系统先采用定量研究的方法，再通过定性研究的方法将两套子系统进行相互联系，以发掘它们在同一套系统中的关系。研究内容包括县域景观格局变化、县域发展对景观格局变化的影响、不同对象主导景观格局变化的驱动力研究等几个部分。本书各章节的研究内容、方法及主要结论如下。

　　第 1 章，对景观格局变化及其驱动力、可持续发展评估工具的研究进行文献综述，结果表明：①针对后发展县域的景观格局及其驱动力研究较缺乏；②景观格局变化与发展之间的关系缺乏深入探讨；③由于可持续生计方法符合本书研究对象的特点，且具备作为景观格局变化驱动力分析框架的基本条件，以该方法作为本书的基础理论框架研究的工具。

　　第 2 章，通过对选用的源自后发展县域贫困问题研究的可持续生计方法框架进行研究，在理论框架下构建景观格局变化与发展之间的关联。对该框架的研究表明，一方面，县域景观格局是县域追求发展过程中某一个时间点上的发展所导致的结果；另一方面，景观格局中各类景观要素是县域追求发展过程中所拥有的资本。此外，还探讨了以可持续生计方法作为景观格局变化的驱动力分析框架时必需的全面性，以及针对不同参与者推动景观变化的目的差异。

第 3 章，基于遥感、GIS、Fragstats 等工具的支撑，通过景观格局指数、修正概率转移等具体方法，分别对粤西北部地区县域景观格局的变化过程和变化结果进行研究。县域景观格局的变化过程研究聚焦于景观要素组成变化，研究表明县域景观要素的组成呈人工化的变化趋势；而对县域景观格局的变化结果研究表明，县域景观格局虽然仍具有较强的生态恢复力，土地利用也有一定的潜力，但整体呈破碎化、多样性增强的变化趋势，生态风险持续增加。

第 4 章，基于选用的发展评估工具，以统计数据和政策、法律文件等资料作为支撑，评估和描述了粤西北部地区县域发展的多方面特征，并对县域发展对景观格局变化的影响进行研究。研究表明，县域景观格局及其中要素的变化支撑着县域的发展，使县域一定程度缩小了与珠三角发达地区间的发展差距，在不同的发展阶段中表现出明显的差异。县域景观格局变化的主要原因可归结为：县域在稳固第一产业基础上推动适合自身条件的工业化发展策略。

第 5 章，针对政府和农民两类推动景观变化的参与者 / 发展主体对象，通过统计数据分析、实地调研和访谈等多种研究方法，以可持续生计方法框架研究了他们推动景观格局变化过程中的驱动力和驱动因素。研究表明，在政府层面，不同层级的政府主导景观格局变化的驱动力有着巨大的差异；在农民层面，农民主导景观变化的根本驱动力，是可持续生计方法框架中的生计产出向生计资本反哺的过程。在这一过程中存在着机会成本，通过对果林景观、农作物景观、农宅景观变化的具体研究，发现还有诸多因素对农民推动景观变化产生影响。

第 6 章，探讨了县域在发展"不平衡"缩小过程中的景观格局维持策略。在政府层面，对县域空间管控中，需由注重对结果的管理更多转为对过程的管理，对部分景观变化过程管理的控制性指标进行了探讨。在农民层面，一方面，通过政府和企业联合提供第一产业所需的社会资本，并由城乡规划体系提供空间引导途径，正向引导农民推动对景观格局影响小的要素变化；另一方面，在国家不断加大对"三农"投入的过程中，通过设置增强农民共同利益的政策，反向制止农民推动不利于县域景观格局的要素变化。

本书以粤西北部地区县域为例，对发展"不平衡"集中体现区域的县域景观格局变化与发展之间的关系进行了研究，在景观格局变化驱动力研究方法、后发展区域景观格局研究的内容、理解农民推动景观变化的目的和途径等方面取得了一定的创新研究成果，具有一定的学术价值和应用价值。本书的研究成果为增强不同层面发展的可持续性提供了科学的理论支撑，并为决策者提供了合理有效的决策依据。

本书基于作者在博士论文阶段的研究工作，再结合毕业后基金申请过程中的一些思考而形成。在出版工作中，我要衷心感谢我的导师华南理工大学陆琦教授，对于本书中的重要观点，他给予了我关键的指导和建议。此外，非常感谢章曲编辑、杨烜子编辑以及中国建材工业出版社的诸位同仁在本书出版工作中的辛勤付出。

著者

2024 年 7 月

目 录

1 绪论

1.1 研究背景

1.1.1 时代背景：景观格局受到以发展为目的的人类活动的加剧影响

景观是指一定空间大小的土地镶嵌体，其中当地特有的生态系统和土地利用类型重复出现[1]，而景观格局是生态过程和人类活动干扰共同作用下表现出的各景观要素在空间中的布局形态[2]。由景观格局承载的生态系统服务受人类活动影响下的变化在 21 世纪初受到了极大的关注，2001 年由时任联合国秘书长安南宣布启动为期 4 年的国际合作计划"千年生态系统评估"（Millennium Ecosystem Assessment），形成了多份主题不同的报告集。在《千年生态系统评估报告集（一）》中指出，过去 50 年中，为了满足人类发展的需求，人类对生态系统的改变极大地提高了人类福祉（Human Well-being），然而对于生态系统改造的规模和速度皆超过了历史上任何时期的同一时段的情况，而且其中大部分是不可逆的[3]。在《生态系统与人类福祉：综合报告》中关于影响生态系统变化的直接驱动力研究表明，土地利用与覆盖变化导致的景观格局变化被列为直接驱动力之首。"千年生态系统评估"中对于以发展为目的的人类活动对景观格局的影响，与生态系统服务和人类福祉之间的关系给予了高度的重视。

发展是人类社会永恒的主题[4]，从蒸汽机的诞生到第一次工业革命、第二次工业革命，再到高度现代化的今天，人类为了发展不断改变土地利用的方式，影响土地覆盖，加剧了对景观格局的影响。探求以发展为目的的人类活动对景观格局变化的影响机制和作用规律，对于实现通过对人类活动的方向和速率的调控，以维持区域的环境与经济、社会的可持续发展有着重要的意义。

1.1.2 政策背景：缓解发展不平衡和追求绿水青山过程中的县域状况

在中国共产党第二十次全国代表大会报告（以下简称"二十大报告"）上，习近平总书记明确了现阶段我国社会的主要矛盾是"人民日益增长的美好生活需要和不平衡不充分的发展之间的矛盾"，包括区域间发展的不平衡、城乡发展的不平衡。同时，二十大报告中还强调了"必须牢固树立和践行绿水青山就是金山银山的理念"，展现了我国当下在追求高质量发展道路上对生态文明建设这一中华民族永续发展的千年大计的强烈诉求。

本研究选择的县域空间，一方面，是发展"不平衡"矛盾的集中体现区域，即我国民政部出台的《市辖区设置标准（征求意见稿）》中①，对县域特征的概况主要有农业在县域经济中占有重要地位、农业人口占有较高比例、人口密度相对稀疏、经济水平相对较低和离地级市城区较远五个方面特征，可见县域的前三方面特征和后两方面特征分别体现了城乡的"不平衡"和区域的"不平衡"。另一方面，由于县域乡村地域占据主导的特征，还承担着维护景观格局乃至生态系统服务功能的作用，即城、乡在生态学上从来是一个整体，然而乡村是一个完善的生态系统，而城市则是一个异养的生态系统，必须将乡村乃至自然作为城市的"源"或"库"[5]。因此，县域空间是我国当下社会主要矛盾集中体现区域的同时，还通过维护景观格局乃至生态系统服务功能，为更大区域范围内的生态安全做出重要贡献。

在我国的政策背景下，县域是探索高质量发展道路上缓解发展不平衡矛盾和生态文明建设中的关键区域。2010年时任广东省委书记汪洋指出，"最富的地方在广东，最穷的地方也在广东"[6]，可见广东省内发展不平衡矛盾的突出，而广东"最穷的地方"主要集中

---

① 该文件对县域转市辖区的要求包括第二、第三产业高比例、非农人口高比例、人口高密度、经济水平高于全国同规模城市平均水平、位置就近，而县域特征则与这几方面相反。

于粤东西北部的县域，因此，本研究选取的粤西北部地区县域，是我国政策背景下探究景观格局变化与发展关系协调问题的典型代表区域。

1.1.3　学科背景：景观科学的发展与可持续性研究的深入

景观具有极其丰富的含义，以景观为研究对象形成了多种多样、各具特色的研究内容和研究方法，这些丰富的研究视角为现代景观科学的探索奠定了基础。在风景美学、地理学、生态学等多学科的交叉过程中，景观科学表现出多样性强的学科特点。

在风景美学中，"景观"一词来自希伯来语的《圣经》旧约全书，美国学者 Frederick Law Olmsted 在 1863 年将景观与建筑学融合并提出风景园林（Landscape Architecture）的概念 [7]。另外，在 19 世纪中叶"景观"被德国地理学家洪堡德以"某片地理区域的总体特征"的概念引入地理学，德国区域地理学家、植物学家 C.Troll 于 1939 年创造了名词"景观生态学"名词，将地理学中盛行的水平—结构方法与生态学中主导的垂直—功能方法结合在一起 [8]，随后 J.I.S.Zonneveld、Zev Naveh 等为代表的欧洲景观生态学派 [2] 和 Ricard T.T. Forman、Michael Godron 等为代表的欧美景观生态学派 [9] 先后展开了景观生态学上的探索。20 世纪 80 年代以来，在生态思想的影响下，景观建筑学的设计与地理学中发展出的景观生态学相互交叉，被广泛地应用于土地利用规划、景观设计和人居环境等方面的研究上 [7]。在工程学科群与数理学科群的深度交叉融合下，景观科学的发展展现出多样性强和学科交叉的特点。

发展是人类社会永恒的主题 [4]，随着 20 世纪 70 年代的全球科技进步与人口快速增长，环境、资源、生态上的问题日趋严重，1972 年，斯德哥尔摩联合国人类环境大会通过了著名的《人类环境宣言》，此后可持续发展的概念初步形成并开始盛行 [10,11]。1987 年世界环境与发展委员会发布报告《我们共同的未来》，世界上各个国家达成"可持续发展"在定义上的共识："既能满足我们现今的需求，又不损害子孙后代能满足他们需求的发展模式"，然而，该定义因其高度哲学概括而被最为广泛地引用，但也因其宽泛而对现实缺乏具体的指导意义（very board and non-specific）[12]。因此，1992 年联合国在巴西里约热内卢举行的首届可持续发展地球高峰会议上通过的《21 世纪议程》，呼吁全世界构建可持续发展的评估方法，随后大量的国际组织、政府部门、学术团队围绕"评估的对象"以及"怎样评估一种发展态势是否可持续"展开了密集研究，形成了大量理解和评估发展的可持续性的研究方法，使得对可持续发展的研究不断精进与深入。

在景观科学的发展和可持续性研究不断深入的学科背景下，过往的探索为当前我国现实背景下的县域景观格局与发展关系之间的探讨提供了诸多研究视角和工具上的选择；而本研究以粤西北部地区县域为例开展的探讨，也是景观科学交叉与可持续性评估在县域尺度上的具体实证探索。

1.2　研究时段

本书的主要研究时段为 1992—2012 年，共 20 年左右，其中以约每 5 年为分段。以 1992 年为开始年份的原因是研究区域内的各县域翔实的统计数据资料起始年份为 1992 年，这些资料是景观格局与发展之间关系研究的重要支撑；而以 2012 年为主要研究时段的末年原因在于本研究起始于 2015 年，2012 年及之前的统计数据及多方面资料相对齐全。

1.3　研究区域

1.3.1　研究区域界定

本书的研究区域为粤西北部地区，指今肇庆、云浮两地级市管辖范围。云浮于 1994 年设地级市，此前属肇庆市管辖[13]。在过往研究及政府口径中，"粤西"地区的划定并不统一，2009 年曾有官方文件称肇庆和云浮以南区域为"粤西"①，而据历史记载，肇庆地区承担了许多历史时期广东西路的政治和经济中心职能[14]，为避免与官方口径冲突，且肇庆、云浮两市在官方"粤西"地区以北，故将研究区域——肇庆、云浮两市辖区范围称为粤西北部地区。

另外，在官方出版的历年《广东农村统计年鉴》对广东省气候统计中，粤西北的气候状况都由高要县级市代表，高要县级市属肇庆市管辖，是本研究地区粤西北部地区东南角的区域，说明将肇庆市与云浮市合称为粤西北部地区基本与官方统计口径相符。

1.3.2 研究区域概况

（1）自然地理概况

本文的研究区域位于广东省西部偏北，属于广东省东西两翼区域，地处东经111°03′~112°51′，北纬22°22′~24°24′，东临珠江三角洲（以下简称"珠三角"）经济发达区，西接广西壮族自治区，研究区域的总面积达到9269km²。

研究区域属北亚热带季风气候区，北回归线横贯中部，受南亚热带季风气候影响，夏长冬短，气温适宜，雨量充沛。研究区域的年均气温为20.8~22℃，年平均气温变化振幅由北向南逐渐降低。研究区域的年均降水量为1380~1800mm，降水量的地域分布差异较大，基本呈由东北向西南递减的趋势；降水量在年内分配也不均匀，冬春少，夏秋多，4—9月份的降水量占全年的80%以上；另外，不同年份的降水量也相差较大，不同年份最多可相差2~2.5倍。研究区域的累年平均日照时长为1530~1860h，平均气压为1003.8~1012.2hpa。研究区域内的主要气象灾害依次为早春季节的低温阴雨、4—9月的暴雨、夏季的热带气旋（包括台风）、晚稻米生长后期的寒露风、春秋两季的干旱等。[14]

研究区域的地势总体呈南北高、中部低，呈西高东低的态势。基

---

① 《中共广东省委广东省人民政府关于促进粤西地区振兴发展的指导意见》（粤发〔2009〕15号）文件中对阳江、茂名、湛江三市称为粤西。

于从 91 卫图软件获取的谷歌地球 DEM 数据源，在 ArcGIS 10.2 软件平台上对研究区域的地形进行分析，结果如图 1-1 所示。研究区域内以丘陵、山地地形为主，具体的面积组成为 40% 的山地、47% 的丘陵、11% 的平原以及不到 2% 的河流和湖泊。研究区域内的平原主要有盆地平原、河谷平原和相对少量的冲积平原。

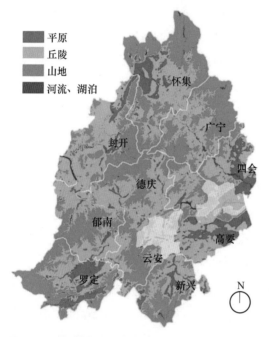

图 1-1　研究区域和研究对象的地形分布
来源：作者绘制。

研究区域的地表水系流向以西江为主，北部向南流、南部向北流汇入西江，又由西向东汇入珠三角区域的珠江河段。研究区域的 3/5 属于西江流域，2/5 属于北江流域，其中西江水系的主要水系干流为贺江、罗定江和新兴江 3 条，北江水系的主要水系干流为绥江；而积水面积 100km² 以上的河流共 76 条，其中西江水系有 50 条，北江水系有 24 条，漠阳江水系和谭江水系各占 1 条。[14]

（2）社会经济概况

研究区域的行政区划包括肇庆地级市管辖下的端州区、鼎湖区、高要县级市、四会县级市、德庆县、广宁县、怀集县和封开县，云浮地级市管辖下的云城区、罗定县级市、新兴县、郁南县和云安县，其中高要和云安分别在 2015 年和 2014 年撤县设区，由于在本书的主要研究时段内这两个区域依旧为县级区划，故名称上使用高要县级市和云安县。

2010 年的第六次人口普查中，研究区域的常住人口占广东省常住人口总量的 6.02%，研究区域的常住人口城镇化率为 40.3%，较全国的总城镇化率 50.3% 落后约 10 个百分点，较广东省的总城镇化率 66.2% 落后约 26 个百分点，说明研究区域的城市化水平相对较低，其中各县域范围内的乡村人口仍占据县域社会的重要地位。

2012 年，研究区域的 GDP（即国内生产总值）总量仅占全广东省 GDP 总量的 3.6%；而研究区域内的 GDP 总量分布中，两个地级市辖区（端州区、鼎湖区、云城区）占 23.6%，其余 10 个县域（四会、德庆、高要、广宁、怀集、封开、罗定、新兴、郁南和云安）占 76.4%。2012 年研究区域内的县、区人均 GDP 与广东省和全国的水平比较如图 1-2 所示，研究区域范围内的绝大部分县域都低于广东省、全国和市辖区的水平，与相邻的珠三角经济发达区域水平比较则更显落后。再次说明粤西北地区县域是发展"不平衡"的代表性地区。

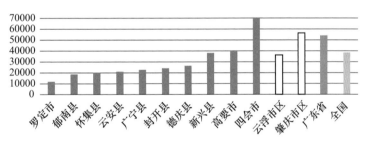

图 1-2　2012 年研究区域各县、区域广东省和全国的人均 GDP 水平比较
来源：《广东统计年鉴（2013 年）》。

1.4　研究对象

研究背景中已指出，在我国当前发展"不平衡"为主要矛盾、对"绿水青山"有着强烈诉求的研究背景下，县域具有的"三农"集中特点，以及其在人与自然的宏观尺度关系中承担更多平衡作用的特点，使得广大县域在当下普遍面临着多重挑战。

虽然我国众多县域中有一些发展突出的县域，例如国家统计局官方公布的"全国百强县"中榜上有名的县域，但这些县域在全国约 2800 个县域中并不具有典型性 ①，难以体现我国当前所面临的发展"不平衡"这一主要矛盾。因此，在当前时代背景下对欠发达县域的研究，具有更高的普适性意义。在上一小节对研究区域特征的论述中指出，在经济增长状况方面，与全国、广东省及研究范围内的市辖区相比，该区域范围内的大部分县域都相对落后，是区域发展"不平衡"的代表性区域。本小节中首先对研究区域中的研究对象进行界定，然后在同时考虑各县域的地形构成和经济增长速度的情况下，对本研究的代表性县域进行选取，最后对各代表性县域的状况进行简单的论述。

1.4.1 研究对象

本书的研究对象为粤西北部地区范围内的县域，县域包括县和县级市两类行政区划。根据上面对研究区域概况的介绍，本书的研究对象包括肇庆市和云浮市管辖下的 10 个县域：肇庆市管辖下的德庆、四会、广宁、怀集、高要和封开，以及云浮管辖下的新兴、罗定、云安、郁南。由图 1-1 可见，这些研究对象多为山区县，除去市辖区的范围外，10 个研究对象县域的地形构成为丘陵占 47.6%、山地 40.5%、平原 10.6% 和 1.3% 的河流和湖泊，基本与研究区域的总体范围的地形构成基本相近。

1.4.2 代表性研究对象的选取

研究区域内总计有 10 个样本，为了深入研究县域景观格局变化与发展的关系，需要在研究区域内选取具有代表性的县域。考虑到景观格局的变化是自然与人类相互作用的过程所形成的实体空间格局，故本书将结合各县域的地形构成和经济增长速度两方面选择代表性县域。

---

① "全国百强县"以国家统计局组织在 1991—2007 年进行的评比最具权威性，以 2005 年的"全国百强县"为例，具体信息见国家统计局官网 http://www.stats. gov.cn/ztjc/ztsj/bqx/，百强县的人口仅占全部县域人口的 7.7%，行政区域面积仅占 1.3%。

在地形构成方面，考虑到平原地形在县域景观格局和县域发展中的重要性，以各县域地形中平原的占比与粤西北部地区县域的平原地形占比进行比较，可以发现，平原地形最能代表粤西北部地区总体地形特征的县域。根据研究区域中各县域的平原地形占比，对各县域的地形构成堆积百分比进行排序并整理（图1-3）后发现，平原地形占比与粤西北部地区总体相近的县域临近于粤西北部地区（图1-3中黑框的堆积百分比）的左右。

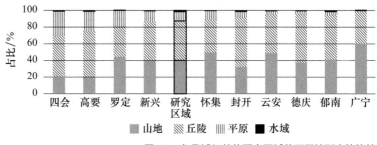

图1-3　各县域与总体研究区域的平原地形占比比较
来源：作者整理自图1-1。

在经济增长速度方面，由于经济因素是人类社会发展追求的最主要指标之一，也是景观格局变化最主要的驱动因素之一[15]，故将经济增长状况也作为代表性研究对象的考虑原因之一。由于县域包含广大的农村区域，乡村人口数量受城镇化的影响较大，对于经济增长状况的衡量，选用人均GDP这一既体现经济增长速度又体现经济增长效率的指标更为合适。由图1-2可见，区域内各研究对象的经济水平参差不齐，而本研究主要针对1992—2012年的粤西北部地区县域景观格局与发展之间的关系进行，因此，将各研究对象1992—2012年人均GDP这一指标的增长倍数作为经济增长指标来研究发现，倍数越高的县域则景观格局变化可能越大。

根据以上对各县域在地形构成上以及对整体研究区域的代表和研究时段内经济增长状况的评估可见，10个县域中平原地形最能代表研究区域地形总体特征的是新兴县和怀集县（分别位于图1-3中研究区域堆积百分比柱状图的左右），而在研究时段内与自身相比经济增长速度最快的3个县为四会市、新兴县和怀集县。虽然四会市在研究时段内的经济增长上有着十分突出的表现，但是，同时考虑四会市所拥有的较高面积比例的冲积平原地形（图1-3），以及远高于全国乃至广东省的人均GDP绝对水平（图1-2），四会市既不具有研究区域内县域普遍具有的山区地形特征，又不能体现研究区域县域集中体现的区域发展"不平衡"特征，反而更为接近拥有大面积冲积平原、经济发展水平较全国超前的珠三角区域的地形、经济特征，因此，不以四会市作为本研究的代表性研究对象，而以新兴县和怀集县两个县域作为代表性研究对象。

由图1-1可见，新兴县和怀集县分别处于研究区域范围内的南北端，而研究区域地形特征中除了丘陵和山地地形面积比例高外，另一个最主要特征是西江流域横穿研究区域中部，西江流经研究区域内10个县域中的5个，但并不流经新兴和怀集县，因此在沿西江流域的5个县域中选择1个县域作为研究区域的代表性研究对象。根据图1-3和图1-4，综合考虑平原地形的面积比例和研究时段内经济增长的状况，选择德庆县作为代表性研究对象。

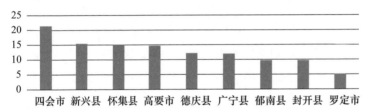

图1-4 粤西北部地区县域1992—2012年的人均GDP增长倍数
来源：《广东统计年鉴（1993，2013）》。

综上所述，本书对于粤西北部地区县域景观格局和发展的研究，在研究区域中的10个县域中选择德庆县、怀集县和新兴县3个县域作为代表性研究对象。

1.5　国内外相关研究进展

1.5.1　景观格局的研究概况

自20世纪70年代以来,对景观格局的研究由定性开始转向定量[16],

80 年代开始至今使用景观格局指数来描述景观格局逐渐成为主流的研究方式 [17]。20 世纪 80 年代初，景观生态学被林超、黄锡畴、陈昌笃等介绍到中国，景观格局的研究开始受到广泛的关注，研究内容主要为对国外景观格局研究成果的介绍 [18]，国内对景观格局研究真正始于 1990 年肖笃宁等对沈阳西郊景观格局变化的研究 [19]。

对国内外景观格局研究进展的概况介绍，本书先以知识图谱的形式分别对高频引用的中英文文献进行分析，借此聚焦于过往景观格局研究的主要方面，然后再分别对景观格局研究的不同研究热点进行综述。

1.5.1.1 国内外景观格局研究知识图谱

知识图谱是一种直观认识研究形成的既有格局的方法。Paul H.Gobster 在 *Landscape and Urban Planning* 创刊 40 周年时通过 VOSviewer 软件对该杂志文献进行知识图谱分析 [20]，本书借助他所使用的方法分别对景观格局研究的中、英文文献进行分析。由于 VOSviewer 对中、英文文献分析的支持程度不同，故 VOSviewer 对中、英文文献的分析采用文献的不同部分，即中文采用关键词、英文采用摘要。

VOSviewer 对于中文文献仅支持作者关联和关键词关联的分析，无法对题目和摘要进行词组分解后的分析，故对中文文献的分析为针对关键词的分析，截至 2018 年 2 月 25 日，在中国知网（www.cnki.net）以题目包含"景观格局"、被引用频率最高的 500 篇中文文献的关键词进行分析，总共出现 1038 个关键词，将其中的一些等同的关键词如"遥感""遥感数据""遥感影像""RS"（遥感的英文简写），以及"粒度""粒度效应""空间粒度""景观粒度"，合并整理后，有效关键词合计共 959 个关键词，对 959 个有效关键词中出现频率不少于 4 次的 59 个关键词进行知识图谱分析，如图 1-5 所示。

对于英文文献，以截至 2018 年 2 月 25 日的 Web of Science 核心数据源（包括 SCI、SSCI 等统计源）中主题为景观格局（landscape pattern）且被引频率前 500 篇的文章为分析对象，分析 500 篇英文文章摘要中词组的出现频率。在 500 篇摘要中，出现频率不少于 25 次的词组为 151 个，剔除 analysis（分析）、study（研究）、data（数据）、year（年）、time（时间）等缺乏指向性的词组后，剩余 92 个高频词组，进行知识图谱分析后得到如图 1-6 所示的图谱。

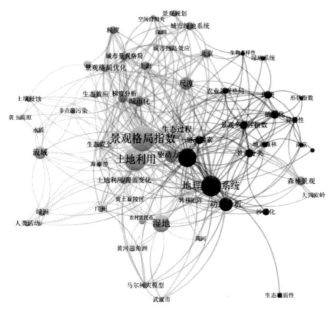

图 1-5　题目包含"景观格局"的中文文献知识图谱
来源：作者基于中国知网数据源使用 VOSviewer 制成。

图 1-6　主题为"景观格局"的英文文献知识图谱
来源：作者基于 Web of Science 数据源使用 VOSviewer 制成。

（1）中文文献知识图谱分析

由图 1-5 的中文文献关键词分析可见，"景观格局指数""土地利用""地理信息系统""遥感"为第一组核心高频关键词。"景观格局指数"作为最高频的关键词，一方面反映了景观格局指数是中文文献的主要研究对象之一；另一方面，景观格局指数是描述和研究景观格局的最为主要的方法，与其直接相关的其他高频关键词包括"景观多样性指数""形状指数"等；"土地利用"是人类以发展为目的，通过各种使用活动对土地长期或周期性的经营，是可持续发展的研究焦点，反映了土地利用对景观格局的影响广受关注。另外，国际研究热点"土地利用 / 覆盖变化"也位于"土地利用"旁；"地理信息系统"和"遥感"是绝大部分景观格局研究的基础性工具，因此也为高频关键词。

中文文献的第二组位于图 1-5 中相对中心区域的高频关键词可归纳为"驱动力""动态分析""尺度""城市化"。景观格局变化的"驱动力"和邻近的"驱动因素"是理解景观格局演变与人类活动关系的基础 [21]。"驱动力"作为高频关键词，反映了对于探寻景观格局变化的原因是中文文献中的重要研究方面；"城市化"作为高频关键词之一，体现了在我国快速城市化的大背景下，景观格局的研究更多地将研究对象转向了城市化相关的内容——城市的景观格局、城市化对周边自然景观格局的影响等；"尺度"是时间或空间上的单位，景观格局对于尺度有着依赖性 [3]，尺度作为关键词反映着景观格局研究的深入。

除了上述提到的两组最高频关键词外，在图 1-5 中还可发现中文文献中的景观格局研究在地域上有 3 方面偏向。第一个方面是大城市区域，"城市化"居于全图中央区域，"北京""上海""广州""深圳""南京"和"武汉"6 个大城市作为景观格局相关的高频关键词，与这些城市相关的高频关键词可以反映出城市景观格局研究的主要研究热点："城市热岛效应""城市绿地系统""景观规划""城市森林"等。第二个方面可归纳为生态敏感地区，高频关键词包括"湿地""流域""森林景观""黄土高原""黄土丘陵""黄河""大兴安岭""绿洲""海岸带"等，对这些生态敏感区域研究的具体问题，可以从它们关联的"人类活动""水质""非点源污染""土壤侵蚀""沙漠化"等高频关键词上有所反映，主要都是与居于图 1-5 中央的"生态过程"相关的研究问题。第三个方面为农村地区，高频关键词有"农村居民点""农业景观格局"。

由上述分析可见，500 篇中文文献的高频关键词分析可以反映出中文文献的主要研究内容包括以下 5 方面：一是对景观格局指数的探讨，或是对景观格局指数的使用；二是对景观格局变化的驱动力研究；三是对城市化带来的景观格局变化的研究；四是对生态敏感地区的生态过程的研究；五是农村居民点和农业景观的格局研究。

（2）英文文献知识图谱分析

由图 1-6 中对 Web of Science 的高频引用英文文献摘要中高频词组的分析可见，在对景观格局的研究中，英文文献摘要中的高频词组与中文文献关键词有很多的重合：在高频词组中，"尺度"（scale）、"过程"（process）、"指数"（metric）、"土地利用"（land use）、"斑块"（patch）、"因素"（factor）等都有所重合，即使出现频率高低有所不同；在生态敏感区类词组中，"湿地"（wetland）、"河流"（river）、"水"（water）、"土壤"（soil）等词汇有所重合；在农村景观类词组中，"农场/耕作"（farm）、"农业景观"（agriculture landscape）有所重合。

在英文和中文文献高频关键词/词组的对比中，对景观格局研究内容的主要不同体现在以下 4 方面：一是英文文献摘要中最高频的词组为"物种"（species），并且有一系列生态学研究方面的词组围绕着"物种"这一最高频词，其中包括"物种丰富度"（species richness）、"生物多样性"（biodiversity）、"栖息地"（habitat）、"群落"（community）、"种群数量"（population）、"树"（tree）、"鸟"（bird）等，可见英文文献中对景观格局与生物多样性的探讨之频繁与深入，相比之下，中文文献的高频关键词中仅出现了"生物多样性"一个有着明确生态学中物种相关的词语（图 1-6 右上角处）；二是英文文献摘要中"模型"（model）的频次极高且居于图 1-6 的中央位置，相比之下，中文文献中仅有"马尔柯夫模型"一个模型相关的高频关键词；三是城市化方面研究在英文文献中的相对边缘化，在图 1-6 中可见"城市化"（urbanization）和"城市"（city）位于最左侧的边缘，与其他高频词组联系较少，而"城市化"在图 1-6 中的中文文献关键词高频分析图中位于较为中心的区域且由一系列城市名称和城市研究相关内容所联系；四是"森林"（forest）在英文文献中具有极高的关注度，由图 1-6 可见"森林"（forest）位于中央区域且频率属于高频的词组之一，而在中文文献高频关键词中位于图 1-6 的右下侧，其频率低于"湿地""流域"等生态敏感区，受关注程度远不及英文文献摘要中的词频地位。

另外，在图 1-6 中，"中国"（China）和"美国"（USA）是仅有的两个出现在英文文献分析图中的国家名称，说明英文文献对中美两国的景观格局研究相对于其他国家更为集中。从 VOSviewer 软件对两个高频词的分析见表 1-1，美国的相关研究较中国与其他高频词组的连接数、连接强度与出现次数都略高，而在图 1-6 中可见，与"中国"最为显著的连接为"指数"（metric），与中文文献关键词分析中的"景观格局指数"热点相符，而"美国"（USA）则与"模型"（model）、"密度"（density）和"物种"（species）这 3 个高频词组在图中直接相连。

表 1-1　英文文献摘要分析中的"中国"（China）和"美国"（USA）的对比

	连接数 （links）	总连接强度 （total link strength）	出现次数 （occurrences）
中国（China）	89	1206	57
美国（USA）	97	1612	61

来源：VOSviewer 分析所得结果。

由以上对"景观格局"研究的中文和英文文献的分析，可以得出对国内外景观格局研究的大致方向。在国内对景观格局的研究中，主要研究热点包括 4 个方面：一是景观格局指数；二是景观格局变化的驱动力；三是城市化中的城市景观格局问题和城市化引起周边区域的景观格局问题；四是生态敏感区的景观格局与生态过程关系。国外对景观格局的研究更为注重以下 3 个方面：一是景观格局中的物种研究；二是景观格局相关的模型研究；三是森林景观的研究。基于知识图谱的上述归纳小结，针对本研究题目中重点的县域景观格局、景观要素组成和景观格局变化驱动力 3 个方面展开综述。

1.5.1.2　县域景观格局研究

本研究对景观格局的研究在于县域，故针对中文文献中的县域景观格局研究进行综述。由于县域具有农业经济占有重要地位的特点，因此县域的景观格局相对于市辖区更以第一产业景观为主导，如张国坤等 [22]、焦峰等 [23]、何丙辉等 [24]、韩海辉等 [25] 的研究都有所体现。对县域景观格局的研究主要集中在以下两方面。

一方面是县域范围内的农村居民点景观格局研究。有研究指出，农村居民点是城市建成区面积的 6 倍以上 [26]。张金萍等 [27]、于淼等 [28]、吴江国等 [29]、潘竟虎等 [30]、刘颂等 [31] 对县域农村居民点景观格局的研究表明，在不同的区域范围内，海拔、土壤侵蚀、交通景观、地形、农用地、河流、经济等都可能对居民点的分布和扩张产生影响。

另一方面是对一定区域范围内多个县域景观格局变化的比较研究。这些研究，都是一个时间点上的静态比较研究，部分是对各县域的景观格局指数差异进行研究 [32,33]，部分是以景观格局指数变化与经济社会水平的差异进行一定的联系 [34,35]。

在既有的县域景观格局研究中，对于整体的景观格局变化研究主要是描述现象，缺乏与县域发展联系的进一步分析，社会经济现状更多是作为研究中的背景。县域中农民居民点景观的研究相对深入，但更多的是以农村居民点与其他景观要素间建立线性联系的探索为主，而对于更深层次的发展内因则缺乏探讨。对于一定区域内不同县域间的对比研究中，更多的是注重于通过景观格局指数对各县域景观格局异同的描述，且都为一个时间点上的静止状态的比较研究，对县域景观格局差异背后的原因缺乏研究。

1.5.1.3　景观格局中的景观要素组成研究

此前的知识图谱分析中，图 1-5 的"景观分类"及图 1-6 中的"景观类型"（type）、"比例"（proportion）、"组成"（composition），诸如这些高频词组都与景观格局中的景观要素组成有着直接的关系。景观组成研究是揭示景观格局变化过程中各类景观要素在空间中数量变化和变化方向规律的有效途径，也被称为景观组分或景观要素研究。由于现有对于景观组成的研究方法与景观格局指数不同，大多与图 1-5 中的"转移矩阵"方法有着较大的关联，故单独进行综述。

景观格局中的景观组成研究，包括对研究区域范围内不同类型景观要素在百分比占有率上的变化、在数量上相互转化或保持不变的过程研究，这类研究有效弥补了景观格局指数研究中无法反映的景观转移细节信息的缺陷 [36]。早在 1995 年 Fox 等通过景观组分转移的分析方法对泰国清迈北部的陆地分水岭热带森林景观进行了研究 [37]，曾辉用景观组分转移概率的方法确定了珠三角地区常平镇景观格局变化中的景观组分转移细节 [36]，此后曾辉以修正的景观组分转移概率法（以总景观变化面积作为基数）对南昌市区进行了研究 [38]，随后该方法在景观格局的研究中得到广泛的使用，如袁力等 [39]、刘铁冬等 [40]、鲍文东 [41] 都在各自的研究中沿用了该方法。

另外，景观格局中的景观组成变化还受到"土地利用 / 覆盖变化"（Land Use and Land Cover Change，简称 LUCC）研究的深刻影响。1995 年，国际地圈 – 生物圈计划和国际全球环境变化人文因素计划联合提出"土地利用 / 覆盖变化"研究计划，此后 LUCC 成为全球的研究热点问题 [42]。由于 LUCC 研究范畴下的学科交叉极其丰富，使其衍生出多种多样的研究方法，景观格局的研究也越来越多地借鉴了 LUCC 的研究方法。例如，刘纪远基于 LUCC 提出数量化的土地利用综合指数的计算方法，被诸多对景观格局变化的研究所采纳，如孙雁 [43]、鲍文东 [41]、刘铁冬等 [40] 的研究。

基于此前的对景观要素组成和土地利用 / 覆盖变化的研究，在对景观格局的研究中，通过使用景观要素组成的基础数据，借助于

LUCC 的多种多样的研究方法，可以更好地对研究区域进行评价或发现景观格局变化的特征和趋势。

1.5.2　景观格局变化驱动力研究

对于景观格局变化原因的研究主要在于促使其变化的驱动力研究[44]，驱动力的研究对于揭示景观格局变化内部机制、基本过程预测未来景观变化方向和后果，以及制定相应的对策，有着至关重要的作用[45]。早在 1969 年 Wirth 等就已在文化地理的研究中涉及了驱动力研究[46]。形成的景观格局变化驱动力中，有着众多的驱动因子。这些因子有着复杂的依赖关系、交互作用和反馈循环系统，它们影响了多个尺度的时间和空间，因此很难分析和充分表达驱动力的影响[47]。

本研究对过往研究中的驱动力分类、驱动因素之间的相关关系、驱动力的研究方法、系统论下的定性驱动力研究框架 4 方面进行综述，主要目的在于发现既有研究中对景观格局与发展之间关系的探讨；另外，对驱动力的分类、复杂性、研究方法等方面的综述，主要是在为本研究选取联系景观格局与发展的可持续发展评估框架做出铺垫，即探寻能够适应景观格局变化特征的评估工具。

（1）景观格局变化驱动力的分类

过往英文文献中对景观格局变化驱动力的分类，主要分为 5 类：社会经济驱动力、政治驱动力、技术驱动力、自然驱动力和文化驱动力[44]。其中，社会经济驱动力主要源于经济，包括市场经济、全球化、世界贸易组织协议等都是直接的驱动力，如 Cheng Qia 等认为房地产开发是对西溪湿地公园的景观格局变化驱动力[48]；由于社会经济驱动力需要通过政治过程中的政治程序、立法和政策等支撑，因此政治驱动力与社会经济驱动力有着强烈的内在联系，如 Francisco Moreira 等对葡萄牙西北部 Minho 省弃耕造林政策导致的景观格局变化研究中指出，政策、经济是这种景观变化及导致森林火灾发生概率提升的主要驱动力[49]。技术变化对于景观格局变化的驱动即为技术驱动力，包括曾经的高速公路、铁路乃至今天我国实施运行的高铁，都是技术作为对景观格局变化的驱动力。自然驱动力包括气候因素、地形因素、土壤因素和自然干扰等，其中自然干扰对于景观格局的影响可能是急促的（如泥石流、飓风等突发性自然灾害），也可能是缓慢的（如全球气候变暖）[44]。此外，文化是对景观格局有着深刻影响的驱动力类型[50]，但文化驱动力也是景观格局变化过程中最为复杂的一个维度，仍然是相对模糊的一个概念[44]。

在英文文献中，对于景观格局变化的驱动力不仅在内容上对驱动力进行分类，还在时间、空间和组织尺度上进行分类，如 Matthias Bürgi 在图 1-7 中对空间、时间和组织尺度的分类[44]，如 Franziska Hasselmann 等对技术驱动力中的城市配电网络在不同空间尺度上对城市景观格局变化的影响[51]，Pan Daiyuan 等对加拿大魁北克地区的土地利用动态的物理约束——地貌、矿床类型对乡村地区的不同尺度景观的影响[52]。

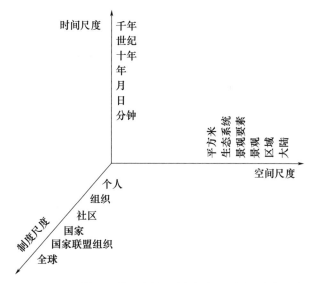

图 1-7 格局变化驱动力在时间、空间、组织尺度
来源：*Driving Forces of Landscape Change*[44]，作者翻译。

既有的中文文献对景观变化驱动力的分类主要有两大类，即自然因子和人文因子[21]，或被称为生物物理因素和社会经济因素[45]。这两个大类的驱动力又分别包含了多种驱动因素：气候、土壤、水分被认为是主要的自然 / 生物物理驱动因素；而人文因子 / 社会经济因素的驱动因素则主要包括了人口、经济、技术、政策、文化（或被称为价值观念）等 [21,53,54]。

中英文文献都更聚焦于人文驱动力的研究，这种趋势是由人类活动对景观格局变化的显著影响导致的结果，使得对人文驱动力研究对于景观格局变化的影响更具有现实指导意义。

（2）景观格局变化驱动因素间的复杂性

景观格局变化是现实世界所发生的过程，并非经典试验，单个原因是不可能完全解释景观变化的 [55]。景观格局变化受到驱动力的影响是多重的，驱动力具有高度的复杂性，例如 Helmut J. Geist 等对热带森林景观格局变化实例研究中，绝大部分的景观变化都为明显的多种驱动因素相伴或协同作用 [56,57]。每一种驱动力都对景观格局变化产生着一定的影响，但这些影响并不是独立发生的，而是受到众多其他驱动因素的制约，各种驱动因素共同作用形成合力才真正推动景观格局中变化过程的发生 [45]。Anna M.Hersperger 指出，驱动力对景观变化的作用不是简单的一对一关系，而总是存在着一对多或多对一，甚至多对多的复杂关系 [58]。这种对应关系更加剧了景观格局变化驱动力的复杂性，因此，各种驱动因素的系统作用或各种因素之间的相互作用应该是景观格局变化驱动力研究的重点 [55]。

由于景观格局变化驱动力的丰富性和极度复杂性，对其的研究并不可能彻底理解驱动力中的所有方面，因此需要一定的简化 [44]。在驱动力的简化分析中，需要在概括性和针对性之间找到一个平衡。其中，概括性的研究结论对于复杂的景观格局变化驱动力系统有着很好的化繁为简的把握 [44]。一些学者对于景观格局变化驱动力的研究得出了概括性的结论，如 Eric F. Lambin 等认为，在制度的影响下，人们对于经济的追求推动了景观格局的变化 [56]；Marc Antrop 认为，景观变化背后的主要力量是对新的功能需求，新的需求要求新的适应性结构而使现有结构重组以优化，推动景观变化 [59]。

驱动因素之间在时间维度上也有着复杂的关系。大多景观格局具有自适应性，因此景观变化的过程具有轨迹依赖的特点 [60]，且目前的状态和变化轨迹不仅依赖于当前的多方面驱动力，还依赖于它的发展历史[21]，也正是因为这种轨迹依赖，景观变化过程对于引起其变化的驱动因子的反应存在着时滞的现象[61]，并且本身的自适应性对于驱动因子有着反馈作用[21]，因此景观格局驱动力之间在时间维度上也有着复杂的关系。

通过对景观格局变化驱动力分类和复杂性特点的综述，本书对于联系景观格局与发展关系的可持续发展评估工具的选取，需要该工具具有一定的全面性。

（3）景观格局变化驱动力的研究方法

对于景观格局变化驱动力的研究是以问题为导向的，在具体的研究中，并不受限于一种特定方法或固定框架[44,62]。景观格局变化驱动力的主流研究方法可以分为定性和定量两类。

运用定性方法对景观格局变化驱动力进行研究是最为普遍的方法，主要基于系统论方法。系统论方法允许描述驱动力在时间轴上对景观格局变化影响的状态和过程[44]。定性方法主要通过典型区域的空间差异和对比研究，分析景观变化过程中的驱动力分析[63]，并且最好是在小于国家尺度上进行对比[55]，例如阳文锐[53]、徐小黎和史培军等[64]的研究。

运用定量方法对景观格局变化驱动力进行研究，主要是对研究区域多项景观格局驱动因子建立相关的数学模型，以各项驱动力在模型中关系来判断各项驱动力间的关系，例如路鹏等[65]、石玉胜等[66]、刘明等[67]的研究。

定量研究方法带有较强的主观性[21]，假设了景观格局变化与一项或多项驱动因素呈线性关系，然而现实中，景观格局变化与驱动因子之间的关系是非线性的[68]，且环境的异质性和驱动因子出现的随机性较高[67]，在此前也说明了驱动因子间关系的复杂性，因此该方法可信度较低，缺乏说服力，最终得出的结论可能失真[21,69]。本研究对景观格局变化驱动力以及景观格局变化与发展关系的研究中将更偏向于定性方法。

（4）系统论下的驱动力定性研究及研究框架

在过往大部分的景观格局变化驱动力研究中，系统论方法被最为广泛地运用。系统论方法是将景观格局与驱动力视为同一个系统中的不同部分进行分析。由于景观格局变化所基于的等级理论，因此景观格局系统可以被分解为多个功能性的组成[70]，使得景观格局与驱动力在系统论中的关系研究成为可能。

由于景观格局变化驱动力研究的问题导向性，使其没有固定的研究框架[44]，过往基于系统论采用的定性研究方法大多为自行建立的研究框架。例如，J.Brandt 使用一个相对简单的框架通过丹麦农场的大小、类型和驱动力分析了乡村土地利用的结构和变化[71]；Eric F. Lambin 等针对越南的森林景观格局变化的研究中，提出了社会 – 生态系统负反馈机制和社会 – 经济系统变化机制的框架[68]。

Matthias Bürgi 认为，景观格局变化的驱动力分析必须建立和景观要素、参与者和驱动力之间的关系，统计上的方法可以帮助探索它们之间的相关性[44]，Matthias Bürgi 等归纳了一个一般性的流程，包括确定系统和景观格局要素、找出存在的驱动因子、分析驱动因子与景观格局变化之间对应的因果关系 3 个步骤（图 1-8）[44]。

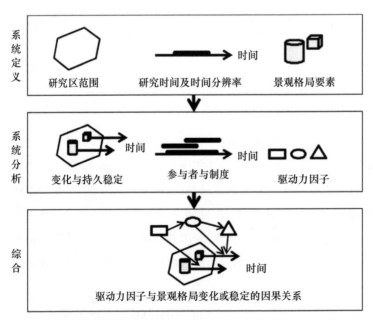

图 1-8　景观格局变化驱动力分析的一般步骤
来源：来自 Matthias Bürgi 的研究[44]，吴健生翻译。[21]

在欧盟，DPSIR（驱动力 Driving Forces—压力 Pressure—状态 State—影响 Impact—响应 Responses，简称 DPSIR）概念框架被运用于社会和环境互动关系研究中。该框架如图 1-9 所示，包括了环境的各个方面，使得该模型可用于评价景观格局变化所导致的环境的反馈。

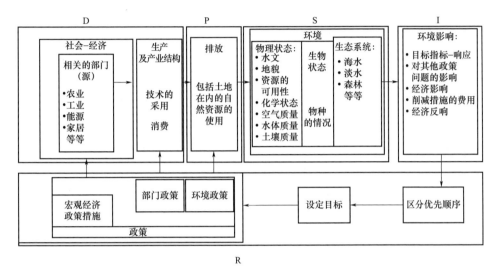

图 1-9 欧洲普遍用以分析社会和环境互动关系的 DPSIR 框架
来源：曹红军《浅评 DPSIR 模型》。[72]

虽然 DPSIR 框架可以作为景观格局变化驱动力分析的框架，但在近年来的实践中，DPSIR 主要是作为对环境系统评价的指标体系模型，康鹏等将 DPSIR 作为生态风险评价和管理的工具[73]，庞雅颂等[74] 和林佳等[75] 则将 DPSIR 作为区域生态安全评价的重要方法。

由此可见，虽然 DPSIR 可以作为景观格局变化驱动力的分析工具，但在该框架与景观格局变化的联系更多是通过景观格局变化的结果——生态系统服务功能的改变，因此 DPSIR 与景观格局变化的关系并不直接；而在应用中主要被作为评价生态环境的工具，偏重并不在于解释景观格局变化的原因；此外，DPSIR 框架中将实际情况过度简化成了线性的因果关系[72]，这使得该框架不符合景观格局与驱动力之间非线性、驱动因素之间关系复杂相左的特点。

本书主要为了探讨发展与景观格局变化之间的关系。当下对景观格局与发展之间关系的直接探讨较少，但从上述景观格局变化驱动力研究来看，发展的多方面因素，诸如经济、政治、人口等都包含在过往的驱动力研究中。因此，既有的景观格局变化驱动力研究为本研究奠定了重要的基础。

1.5.3　可持续发展评估研究

自 1987 年联合国世界环境与发展委员会正式定义"可持续发展"后的数十年中，学界围绕可持续发展的评估展开了广泛研究，致力于探讨评价一种发展是否可持续的方法。目前，对可持续发展的评估已衍生出多种角度的数十种方法。对于可持续发展评估的综述包括可持续发展的底线研究、既有的可持续发展评估方法分类、针对贫困的可持续发展研究，以选取联系景观格局与发展的工具。

（1）可持续发展的底线探讨

在《我们共同的未来》报告中，除了对可持续发展的定义外，还指出了"发展是有限度的，必须考虑环境的承载力……"[76]，这一观点触及了可持续发展的底线问题。1999 年，美国国家研究理事会依循 1987 年 WCED 报告中的理念，通过发布《我们共同的旅途：走向可持续性》探讨了可持续发展的多方面观点，其中指出可持续发展旨在"实现社会发展目标和环境极限的长期协调"[77]，在该观点下，可持续发展的底线是环境的极限，且有着时间维度的制约。

2002 年在可持续发展地球峰会发布的《约翰内斯堡可持续发展宣言》进一步提出了可持续发展的"三重底线"（three bottom line）概念［或称三大支柱（three pillars）］，即可持续发展必须同时考虑环境保护、经济发展和社会平等 3 方面，如图 1-10 所示。

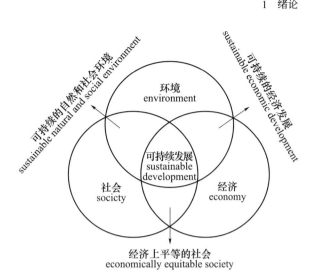

图 1-10 持续发展的"三重底线"概念
来源：邬建国《什么是可持续性科学？》。[78]

　　在"三重底线"概念下，如何理解环境、社会、经济三者的关系是可持续发展的焦点和难点，Hasnat Dewan 提出两种观点，即"强可持续"和"弱可持续"。两种观点的主要区别在于人造资本和自然资本之间是互补还是互相替代[12]。在强可持续的观点下，如图1-11（A）所示，环境作为社会和经济发展的基石，必须得到保障，同时人造资本与自然资本为互补关系。弱可持续的观点如图1-11（B）所示，认为人造资本与自然资本互为替代关系，因此总资本不减少，一个环境恶化但经济发达的地区依旧是"可持续的"[79]。

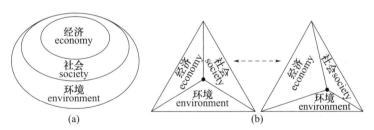

图 1-11 强可持续性"（A）和"弱可持续性"（B）
来源：*Sustainability Index：An Economics Perspective*[12]，邬建国翻译。[78]

　　从长远来看，"弱可持续"依然是不可持续的；而"强可持续性"则容易被理解为极端的"环境保护主义"——杜绝对生态环境的开发和利用，非常明显地忽略了 WECD 在《我们共同的未来》报告中提出的"满足人类基本需求是最重要的"[76]，也因此显得不切实际，也被称为"荒谬的可持续性"[11,79,80]。

作者认为，对于可持续发展的底线——强或弱可持续性的看法，并不是"非黑即白"——仅有两种原则，强和弱可持续性之间还存在着灰色地段。可持续发展的底线还取决于时间维度和研究对象的不同：在长时间的发展过程中，研究对象存在着由"弱可持续性"向"强可持续性"转型的可能，例如，当今大多发达国家都经历了"先污染后治理"的过程，可持续发展的底线持续发生了变化；另外，对于不同的研究对象，可持续发展的底线应有所区分，就本研究的研究对象粤西北部地区县域而言，由于其自身的欠发达地区特点，在经济和社会上本身相对持续性较低，如果从更高层面要求该地区县域以"强可持续性"作为底线是不适合的，可能会导致不平衡的持续扩大，无法满足人类的基本需求，那使"强可持续性"底线的坚守就变得毫无意义，因此更适合在一段时间内以"弱可持续性"作为底线。

（2）既有的可持续发展评估方法分类

经过 40 年对可持续发展的研究，从不同角度、针对不同研究对象，发展出许多各有优劣的可持续发展评估方法。根据这些方法的特点，学者们对既有的可持续发展评估方法进行了分类探讨，对评估方法分类的综述有利于对不同类型可方法特点的把握。

Hasnat Dewan 按照经济学视角和自然科学视角将可持续发展的评估方法分为两类，包括针对经济学视角的货币聚集方法和自然科学视角的物理指标方法。[12]

Barry Ness 依据时间特征、研究焦点和整合程度将可持续发展的评价体系分为 3 个类型，即指标 / 指数体系评价（indicators/indices）、产品相关评价（product-related assessment）、涉及动态模型的综合性评估方法（integrated assessment）。3 类评价体系中各有一部分同时可以被归为货币估值工具类型的评价方法[81]，具体如图 1-12 所示。Ness 对于可持续发展评估工具的分类最为全面和细致，囊括了各个方面的评估工具，被 Rajesh Kumar Singh[82]、邬建国[78]、李铖[83] 等学者广泛引用。

图 1-12　Ness 提出的可持续发展批评估方法分类①

来源: *Categorising tools for sustainability assessment*[81]，邬建国翻译。[78]

在 Barry Ness 所整理的可持续发展评价方法中，绝大多数的评价方法的设计都在使其成为更为广泛运用的工具，且更为关注于发展与环境间的关系。然而，对于本研究的研究对象——粤西北部地区县域而言，由于其自身的欠发达和后发展特征，使本研究对可持续发展

————————

① 图中粗框的评估方法为涉及社会、经济、环境中的 2 个或 3 个方面的评估方法，其他细框的评估方法仅涉及其中 1 个方面的评估方法。

评估工具的综述还需要更多地针对贫困展开。

（3）针对贫困的可持续发展评估方法研究

可持续生计方法（Sustainable Livelihood Approach，简称 SLA）和脆弱性分析方法（Vulnerability Analysis）可谓是国际上众多可持续发展评估工具中针对贫困地区研究的佼佼者[84]。

可持续生计方法由 Amartya Sen（1983）、Robert Chambers 和 Gordon Conway（1992）等人从对消除贫困的研究而来[85]。该方法认为，生计是由资产和结构所组成的功能，是人们生存、收入、身份和存在意义的来源[85][86]。随着各界对于贫困属性理解的加深，以及各领域对可持续发展研究的不断精进，可持续生计法也在最初的模型基础上不断完善和发展，到了 21 世纪，可持续生计方法已拓展成为上可对国家和区域、下可对农户和个人进行发展状况评估的建设性工具，被无数的发展机构（无论官方或非官方）用以评价现状和设计、执行发展方案[84]。过去数十年中，可持续生计方法的模型也在持续发展而拥有了诸多版本的框架[87]，其中英国国际发展部（The UK's Department for International Development，DFID）在 2000 年所提出的框架被认为是经典范式[85,87-89]，得到了最为广泛的应用。

脆弱性分析方法源于 20 世纪 60 年代自然灾害冲击对不同人群影响的研究[84]，这一概念随着时间推移而拓展，还包含了政治经济波动、社会动荡等对研究对象的影响[90]。根据世界银行、IPCC（注：即联合国政府间气候变化专门委员会）、UNDP（注：即联合国开发计划署）等机构和组织对脆弱性定义，脆弱性是研究对象受到冲击、波动影响的敏感度以及无法应对这些影响的程度，是具有警示性的状态描述[84,90-93]。在今天，脆弱性分析方法也已进入城市和乡村可持续发展状况的评估领域[91]——区域发展的可持续性与脆弱性成反比[94]。脆弱性分析在方法上强调对评估对象的动态属性的评估，对趋势的历史分析和轨迹过程的分析是评估脆弱性的核心问题[84]。

1.5.4 文献评述

（1）景观格局变化的研究：景观格局研究过往集中于经济热点区域和生态脆弱区域，当前主要矛盾集中体现的县域地区缺少确切深入的研究。

过往既有的景观格局变化和土地利用/覆盖变化（LUCC）的研究为本研究区域内的县域景观格局的变化过程和结果研究提供了研究方法。此前的景观格局研究热点主要集中在两类区域，即经济快速发展区域和生态敏感区域。经济快速发展往往导致景观格局的快速变化。生态敏感区与贫困地区存在着地理空间上的耦合关系[95]，这些地区往往都是最为贫困的区域，即绝对贫困相对集中的区域。由景观格局变化的研究对象可见，经济发达区域和绝对贫困集中区域是过往景观格局变化研究的主要区域，而欠发达、后发展区域仍然缺乏研究。研究背景中已指出，绝对贫困的区域在我国现阶段已然大幅度减少，欠发达的发展不均衡区域是本研究的关注重点。

（2）景观格局变化驱动力及可持续发展评估研究：景观格局变化与发展的关系有待进一步探讨，可持续生计方法最适合作为本书中探讨县域发展和景观格局变化关系的工具。

过往对景观格局变化驱动力的研究承认了发展中的要素，如人口、社会、经济等重要方面对景观格局的变化有着重要的作用，然而对于景观格局变化和发展之间的关系，仍然缺乏深入的探讨。另外，对驱动因子的分析对于解释景观格局变化的现象缺乏一定的普遍性，例如人口在绝大部分研究中都被认为是最主要的影响因素，但在广袤的农村地区，由于城乡二元制影响的遗存，农村人口空心化的同时，农村建房却出现高峰导致人工景观大量出现[96]，并不符合人口是景观格局变化的驱动因素这一结论。因此，本研究选取的县域空间，景观格局变化与发展之间的关系探讨仍然较为缺乏。

在过往对驱动力的研究中，Matthias Bürgi 提出了系统论的方法，将景观格局系统和驱动因素系统视为一个系统中的两个子系统，将子系统中的各部分相联系来发掘深层次规律，这对本研究的县域景观格局变化和发展的探讨奠定了逻辑基础。

由于景观格局驱动力研究是问题导向研究而没有固定框架，因此对于景观格局和发展之间关系的探讨需要选择适合的框架。本研究是以相对落后、贫困的粤西北部地区县域作为研究对象，由于可持续生计方法兼有以下几方面的特点，选取可持续生计方法（SLA）作为评估和描述县域发展以及景观格局变化驱动力分析框架的原型：一是SLA是一个包含发展多方面因素（包括系统内外）的、默认发展要素之间关系是非线性的框架，这使该框架可以较好地适应景观变化驱动力具有的复杂性特征；二是SLA的诞生由对消除贫困的研究而来，研究区域中的县域与珠三角经济发达区相较而言前者仍欠发展，在社会和经济上的可持续性也相对较低，如果采用其他普适性更强的发展评估方法，则会使研究的焦点更多地放在社会与环境上，相对忽略了欠发达区域对发展的需求；三是SLA可以进行从宏观至微观的多个尺度层面的发展分析，县域尺度本身是在宏观和微观上的多方面结合，使得对其景观格局变化的驱动力研究更需要从多个尺度入手；四是景观要素和景观格局在SLA框架中的位置较绝大部分的可持续评价方法更为突出，生计资本是SLA中最重要的考察对象之一，景观属于其中的自然资本和物化资本范畴下，该框架的这一特点可以更好地使景观格局变化与发展进行联系。

基于对过往景观格局变化驱动力研究和可持续评估方法的综述，景观格局变化与发展之间的关联有待进一步深入探讨。结合本研究对象其欠发达的特点，在众多可持续发展评价工具中，可持续生计方法是适合本研究用以探讨县域景观格局变化和发展关系的框架。

1.6 研究目的和意义

1.6.1 研究目的

本研究的本质目的是探索县域景观格局变化与发展之间的关系。为了达到这一最为根本的研究目的，主要有以下3方面研究目的。

（1）挖掘欠发达县域景观格局及其驱动力的变化规律

粤西北部地区县域具有典型的欠发达县域的特点，对这一研究区域内县域景观格局变化的研究，是探索景观格局变化与发展之间关系的基础。对县域景观格局变化的研究，主要在于对不同时间点的县域景观格局变化的时空规律进行梳理和总结，是进一步探索县域景观格局变化与发展之间关系的基础性研究目标。

（2）揭示县域发展对景观格局变化的影响机制

景观格局受到以发展为目的的人类活动影响而变化，发展是导致景观格局变化的最主要的原因，因此发展与景观格局变化之间关系的重要探讨点在于发展是如何对景观格局的变化造成影响的。

（3）探寻县域发展过程中的景观格局维持途径

基于发展对景观格局变化的影响机制，结合县域空间管控体系现状，对县域发展过程中景观格局维持途径的探讨是本研究的最后一个研究目的。基于此前的两方面目的，探讨发展中维持景观格局乃至促进发展可持续性的途径。

1.6.2　研究意义

县域是发展"不平衡"矛盾的集中体现区域，是"绿水青山就是金山银山"理念践行的重要区域，对粤西北部地区县域景观格局与发展之间关系的研究，对缓和"不平衡"矛盾、践行"绿水青山就是金山银山"理念有着重要的理论意义和实践意义。具体的研究意义主要有以下3方面。

（1）对欠发达县域的景观格局变化及其驱动力的研究，是对既有县域尺度景观格局研究的进一步推进。

根据研究综述，既有的县域景观格局研究中，对于整体的景观格局变化研究主要是描述现象，缺乏与县域发展联系的进一步分析，社会经济现状更多地作为研究中的背景。当前我国人民已摆脱绝对贫困，欠发达区域已经成为"不平衡"矛盾体现的主要区域。对欠发达县域的景观格局变化的规律进行总结、对其景观变化驱动力进行分析的研究，是对过往研究的补充与深入。

（2）以解决贫困为出发点的可持续发展评估工具对景观格局变化驱动力进行研究，开辟了景观格局变化驱动力研究的新视野。

对欠发达、后发展的县域景观格局变化驱动力研究，采用以解决贫困为出发点的可持续发展评估工具进行研究，可以更好地理解欠发达县域的发展和景观格局变化之间的关系，解析发展对景观格局的影响。过往研究缺少以可持续发展视角出发的景观格局变化驱动力研究。

（3）对县域景观格局与发展之间关系的研究，为促进县域的可持续发展提供了科学的理论支撑，为决策者提供了合理、有效的决策依据。

对县域景观格局变化与发展之间关系的研究，为协调社会经济发展和生态环境保护的关系提供了重要的探讨渠道。景观格局是生态过程的实体空间载体，两者之间的相互作用形成了人类生存必需的生态系统服务功能。对于欠发达的县域而言，发展和环境保护的需求并存，本研究为促进县的发展由弱可持续性逐步转向强可持续性，提供了探讨的途径。

1.7 研究内容和方法

1.7.1 研究内容

针对粤西北部县域景观格局变化与发展之间关系的探索这一目标，研究内容总体可以概括为对县域景观格局变化和县域发展两部分的研究内容进行不断分解。在分解的过程中将两个部分包含的内容相互关联，从而建立县域景观格局变化与县域发展之间的关系。本书的具体研究内容主要有以下几部分。

（1）可持续评价方法的重构与景观格局的关联研究

主要为本书第 2 章内容。既有的研究阐述了发展是景观格局变化中占据主导地位的重要原因，然而，对发展和景观格局变化的进一步相互关联缺乏探讨。基于此前的研究综述，本书选择了针对贫困的可持续发展评估工具——可持续生计方法作为县域景观格局变化的驱动力。对于景观格局等在可持续发展评估工具中的位置和作用，以及与发展互动的关系，需要在工具的理论层面探讨清楚，为接下来的具体研究做铺垫。

（2）粤西北部地区县域景观格局及其中景观要素变化研究

主要为本书第3章内容。对研究区域内的县域景观格局及其中景观要素的变化研究，是探讨景观格局变化与发展之间关系的基础。在本研究中，对粤西北部地区县域景观格局变化的研究内容主要包括对粤西北部地区县域景观格局在组成上的变化研究，以及通过景观格局指数等方法对粤西北部地区县域总体景观格局变化进行研究。

（3）粤西北部县域发展对景观格局变化的影响研究

主要为本书第4章内容。这部分研究内容是县域景观格局变化与发展关系探讨的重要内容，即初步将县域景观格局变化现象与县域的总体发展状况相互联系起来，包含以下两方面的研究内容：首先，通过可持续发展评估工具对研究对象的发展进行分析和评估；其次，将县域发展中的各方面特征与景观格局变化相联系。

（4）县域内不同主导对象推动的景观格局变化驱动力研究

主要为本书第5章内容。发展的目标因评估的主体对象而异，与此同时，景观变化的方向也因参与者而异，因此，基于对县域景观格局变化和发展之间建立的基本联系，进一步探讨景观格局变化的驱动力，需要结合县域范围内的不同主导对象。县域是宏观和微观相交错的复杂区域，故从不同主体的角度分别对景观格局变化驱动力进行研究。

（5）县域发展中的景观格局维持途径探讨

主要为本书第6章内容。基于此前对县域景观格局与发展之间关系的不同层面的探讨，可以对县域发展中的景观格局维持途径进行具体的探讨。根据此前不同主导对象的景观格局变化驱动力研究，同样在政府和农民为主导对象的角度下，结合近期的景观管控方式转变，探讨满足不同层面发展需求下的景观格局维持途径。

1.7.2 研究方法

本研究中主要采用了遥感处理和地理信息处理方法、文献调查方法、实地调研方法、比较研究方法、定量与定性结合方法、跨学科研究方法;接下来对于各方法及其在本书中所使用的章节进行论述。

(1)遥感处理和地理信息处理方法

在第1.2节中明确了本书的研究时段,并以每约5年为一分段;在第1.3节中,选取了3个县域作为研究区域范围内的代表县域。通过遥感(RS)影像的获取、预处理、景观分类和解译,得到各时间点的粤西北部地区县域景观的解译图;随后,通过使用地理信息系统(GIS)处理软件和景观格局分析软件,对县域景观格局的变化进行研究。

RS和GIS方法的运用是探讨景观格局变化研究乃至景观格局变化与发展之间关系探讨的基础。这一方法主要运用于第2章中的2.2节。第2章内容为全文的研究搭建逻辑框架,而在该节中这一方法的使用所得到的结果,为随后的章节奠定了基础。

(2)文献调查方法

文献调查方法的使用主要包括两方面:一方面是对过往既有文献的研究,其中包括既有的理论研究、方法研究和实例研究;另一方面是对各级统计数据及各级政府政策文件的研究,作为对景观格局变化与发展之间关系研究的依据。

对过往既有文献的调查方法贯穿于全文。而对统计数据、政府文件的文献调查方法的使用,主要在于第4章、第5章中从不同角度对景观格局变化与发展之间关系的探讨。本书所使用的主要统计数据源见表1-2,而本书中所使用的主要政府文件见表1-3。

表1-2 本书使用主要统计年鉴及统计公报等

级别	统计源名称	年份/普查次数
国家级	中国统计年鉴	1978—2015
	中国农村统计年鉴	1985—2015
	中国环境年鉴	2005、2010—2014
	中国乡镇企业及农产品加工业年鉴	2000—2012
	中国人口与就业统计年鉴	1990—1991、1998—2015

级别	统计源名称	年份/普查次数
国家级	全国人口普查资料	第五次、第六次全国人口普查
	世界银行官网公开数据 （https://data.worldbank.org.cn/）	1978—2015
省级	广东统计年鉴	1985—2015
	广东农村统计年鉴	1993—2015
	广东人口普查资料	1990、2000、2010
地级 市级	云浮统计年鉴	2003—2013
	肇庆统计年鉴	1992—2015
	云浮市人口普查资料	2000、2010
	肇庆市人口普查资料	2000、2010
县级	德庆县年国民经济和社会发展统计公报	2005—2010
	德庆年鉴	2005—2012
	怀集县国民经济和社会发展统计资料手册	2001—2014
	怀集县国民经济和社会发展统计公报	1998、2000—2014
	怀集县统计局关于"十一五"国民经济 和社会发展统计公报	2011
	怀集年鉴	2005—2014
	新兴统计年鉴	1990—2013
	新兴县国民经济和社会发展的统计公报	2004—2012
	新兴年鉴	2001—20113

来源：作者整理。

表 1-3　本书使用主要政府文件

级别	政府文件名称	发布年份/计划或 规划次数
国家级	中华人民共和国国民经济和社会发展五年计划/规划	"七五"至"十三五"
	中共中央 国务院关于促进农民增加收入若干政策的意见	2004
	中共中央 国务院关于进一步加强农村工作提高农业综合 生产能力若干政策的意见	2005
	中共中央 国务院关于推进社会主义新农村建设的若干意见	2006
	中共中央 国务院关于积极发展现代农业扎实推进社会主 义新农村建设的若干意见	2007
	中共中央 国务院关于切实加强农业基础建设进一步促进 农业发展农民增收的若干意见	2008
	中共中央 国务院关于2009年促进农业稳定发展农民持 续增收的若干意见	2009
	中共中央 国务院关于加大统筹城乡发展力度进一步夯实 农业农村发展基础的若干意见	2010

续表

级别	政府文件名称	发布年份/计划或规划次数
国家级	中共中央 国务院关于加快水利改革发展的决定	2011
	中共中央 国务院关于加快推进农业科技创新持续增强农产品供给保障能力的若干意见	2012
	中共中央 国务院关于加快发展现代农业进一步增强农村发展活力的若干意见	2013
	中共中央 国务院关于全面深化农村改革加快推进农业现代化的若干意见	2014
	中共中央 国务院关于加大改革创新力度加快农业现代化建设的若干意见	2015
	国家粮食安全中长期规划纲要（2008—2020 年）	2008
	国务院关于制止农村建房侵占耕地的紧急通知	1981
	全国林地保护利用规划纲要（2010—2020 年）	2010
	占用征收林地定额管理办法	2011
	生态保护红线划定技术指南	2017
	土地利用总体规划编制审批暂行办法	1993
	土地利用总体规划编制审批规定	1997
	土地利用总体规划编制审查办法	2009
	土地利用总体规划管理办法	2017
省级	广东省国民经济和社会发展五年计划/规划	"九五"至"十二五"
	广东省占用征收林地定额管理办法	2014
	广东省林业发展"十一五"和中长期规划	2006
	广东省林业发展"十三五"规划	2016
地级市级	肇庆市国民经济和社会发展"十一五"规划纲要	2006
	肇庆市国民经济和社会发展"十二五"规划纲要	2011
	云浮市国民经济和社会发展"十一五"规划纲要	2006
	云浮市国民经济和社会发展"十二五"规划纲要	2011
	肇庆市农业发展"十一五"规划	2007
	云浮市农业发展"十二五"规划	2012
县级	德庆县国民经济和社会发展"十一五"年规划纲要	2007
	怀集县国民经济和社会发展"十二五"年规划纲要	2010
	怀集县国民经济和社会发展"十一五"年规划纲要	2007
	新兴县国民经济和社会发展"十二五"年规划纲要	2011
	新兴县国民经济和社会发展"十一五"年规划纲要	2006
	德庆县政府工作报告	2003、2005、2006、2008—2013
	怀集县政府工作报告	2006—2009、2011—2013
	新兴政府工作报告	2007—2015

来源：作者整理。

（3）实地调研方法

实地调研方法的运用主要包括以下两方面：一是实地核实航拍影像中不清晰的部分，确保对航拍影像识别的准确率；二是对景观变化驱动力的研究中涉及社会、经济、文化等方面因素时，实地调查以及访谈都是论证景观变化驱动因素的重要途径。

以实地调研的方法对航拍影像中不明确的部分进行实地核准，主要用于章节中运用 RS 和 GIS 等方法对县域景观格局的变化进行的基础性分析。而在对景观变化驱动力的研究中使用实地调研方法主要见于第 5 章，一部分实地调研是为了进一步区别景观的类型，比如区别发展中导致的生产景观与生活景观变化（比如一些现代化鸡舍与住宅在遥感和 GIS 的研究方法使用过程中都被视为同一类景观），并实地拍照记录；另一部分实地调研是通过与政府工作人员和当地人进行访谈，以发现不同的发展角度下景观格局变化的驱动因素。本研究开展的具体实地调研的时间、地点等见表 1-4。

表 1-4　本研究主要实地调研时间、地点及方法使用

调研时间（年、月）	实地调研地点			实地调研形式		
	新兴县	怀集县	德庆县	走访政府部门	实地拍照	当地人访谈
2013.06	簕竹镇（非雷村、五联村、永安村、良洞村、榄根村），六祖镇（夏卢村、塔脚村、龙山塘村、水湄村、中和村、许村）	—	—	√	√	—
2014.03	簕竹镇（五联村、良洞村、榄根村），六祖镇（夏卢村、塔脚村、龙山塘村、中和村）	—	—	√	√	√
2016.10	簕竹镇（五联村、永安村、良洞村、大坪村）	冷坑镇（熔炉村、忠诚村、红胜村、桐光村、双甘村）	官圩镇（云梳村、垌心村、睦村阁）	√	√	√
2017.11	六祖镇（塔脚村、中和村、龙山塘村）	冷坑镇（桐光村、双甘村、三坑村、上爱村、爱二村）	官圩镇（垌心村），马圩镇（前进村、东升村）	√	√	√

来源：作者整理。

（4）比较研究方法

本研究在多方面使用比较研究的方法，其中包括纵向和横向的比较研究。纵向比较主要指县域所处的不同尺度背景下发展状况的比较，可以发现研究对象在不同层面中发展的共性，也反衬出自身的特性；横向比较包括粤西北部县域之间的景观格局变化以及发展比较，以及县域在不同研究时间段中的发展和景观变化比较。通过比较研究方法，可以对县域景观格局变化和发展之间的关系进行更准确的把握。

比较研究方法的运用，主要见于第3章和第4章。在第3章中，用于粤西北部地区县域景观格局变化的比较，而第4章中则用于县域发展和宏观全国层面、中观广东省层面的发展的比较，并在粤西北部地区县域间进行比较。

（5）定量和定性结合方法

定量和定性结合方法在本研究中有着重要的地位。总体来说，对县域景观格局变化和县域发展两方面的分别深入研究中，定量研究方法占据主导地位，由于景观格局变化和其驱动力之间的非线性关系，导致景观格局变化和发展之间的相互联系主要依靠定性研究的方法。因此，第4章和第5章在具体探讨景观格局变化和发展之间关系时，采用该研究方法。

（6）跨学科研究方法

景观科学本身具有跨学科的特性，景观格局变化驱动力研究的问题导向的特点使其不具有固定框架，也就注定了本书对于县域景观格局变化与发展关系的探讨具有跨学科的开放性。本研究涉及地理学、城乡规划学、景观生态、经济学等的探讨。景观的变化过程具有复杂性，运用跨学科的方法对其进行研究，可从更全面的视角看待景观格局变化的过程及其与发展之间的关系。该研究方法的运用贯穿全文。

2 县域景观格局变化与发展的关联建构及研究基础

由上一章的论述可知，景观格局变化与发展存在着必然的联系，然而在对欠发达县域这类区域的论述中，两者之间的联系依然不明确，并且提出可持续生计方法是基于本书研究对象——欠发达的粤西北部地区县域——最适合的联系景观格局和发展的可持续发展评估工具。本章的目的在于为后面各章节的研究起到框架上的铺垫，主要包括两方面内容。

一方面，是县域景观格局变化与发展之间的关联建构，即在前一章选择的可持续发展评估框架内，不考虑研究区域、研究对象的情况下，对景观格局变化及其要素与发展之间关系进行深入的探讨。

另一方面，是接下来几章中针对粤西北部地区县域研究所进行的基础性工作。这部分探讨基于第一方面的框架搭建之上，跟随关联建构的每个步骤进行，包括具体研究展开过程中所必需的基础研究工作、采用的具体方法和基础资料等。

本章通过县域景观格局变化与发展之间的关联建构以及针对粤西北部地区县域的各个研究步骤所需的基础性工作，为此后多个章节研究的逻辑框架和具体研究展开奠定重要的基础。

2.1 景观格局变化与发展关联建构的步骤

在上一章的过往文献综述中，Matthias Bürgi 等对于景观格局变化驱动力分析的一般步骤研究（图 1-8），虽然未能更进一步为景观格局变化驱动力提供深入分析的指向性框架建议，但是这一驱动力分析步骤的普适性对于本研究如何将景观格局变化与发展相联系起到了重要的理论支撑——将两者视为同一个系统中的子系统，分别对它们进行分解研究后再建立相互之间的影响与响应关系。

鉴于 Matthias Bürgi 提出的这一具有普适性的流程，以及此前在第 1 章中已经对研究对象的系统边界进行了界定，即研究区域内的县域范围，对景观格局变化与发展的关联建构应该分为以下 3 个步骤。（1）确定县域景观格局中景观要素，对县域景观格局及其中景观要素变化深入研究。（2）对县域景观格局中的景观要素与发展之间的非线性关联进行研究。（3）对不同层面的参与者以发展为目的形成的景观变化驱动力和驱动因素进行研究。接下来，将在本章中分别对县域景观格局变化与县域发展关联建构的 3 个步骤进行深入探讨。

2.2　景观格局变化及其中要素变化的深入研究

在上述构建景观格局和发展之间的 3 个步骤中，第一个步骤，即确定景观格局中的景观要素、对景观格局变化及其中景观要素变化的深入研究，是建构景观格局与发展之间关联的最基本步骤。对于本研究而言，只有在明确粤西北部地区县域景观格局及其中景观要素变化的总体特征和趋势的情况下，才能进行下一步骤，即对县域景观格局变化与县域发展中的非线性关联进行研究。

在本节中，首先基于景观格局变化在时间维度上的特点，对景观格局及其景观要素的变化进行分解：时间段内的变化为过程研究；时间点上的变化为结果研究。随后，论述了景观格局变化研究的基础，即遥感数据与 GIS 在本研究中的运用，基于遥感数据对景观格局中的 5 类景观要素进行了确定，并对遥感数据的处理结果进行了罗列。

2.2.1　景观格局变化研究的分类：过程研究和结果研究

景观格局变化是其中的景观要素在时间和空间维度上不断变化所造成的，如郇建国等认为土地利用 / 覆盖变化是景观格局变化的原因[97]。然而，严格来说，景观格局与其中的景观要素一样，时刻在发生着变化，只是在较小的时间单位内变化不明显，景观要素轻微的量变未能引起景观格局的质变，也没有对景观格局承载的生态系统功能造成影响，因此，大部分研究如本研究一样，以至少几年的时间间隔对景观格局变化进行对比研究，以把握景观格局的变化趋势。

即使无法完全观察到景观格局及其中景观要素在时间维度上的所有变化，也可以将既有的景观格局变化研究方法分为两个类型：第一个类型可称为景观格局变化的过程研究方法，这类研究方法是通过两个时间点上的景观格局来推算其中这个时间段上的变化，是对景观格局变化过程的动态研究；第二个类型可称为景观格局变化的结果研究，这类研究方法仅通过两个时间点上的景观格局进行对比以把握变化的趋势，因此是对景观格局变化在两个时间点上形成的结果的静态研究。如图 2-1 所示。

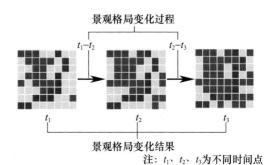

注：t_1、t_2、t_3为不同时间点

图 2-1　景观格局变化研究的过程研究和结果研究示意图

来源：作者自绘。

2.2.1.1　景观格局变化的过程研究：时间段中景观要素的相互转化

景观格局变化的过程研究主要是对景观格局在某一时间段内其中景观要素相互转化过程进行研究。在第 1 章中对景观组成研究的综述中，已提及景观组成变化与土地利用 / 覆盖变化（LUCC）可被视为具有类似的研究方法，其中如曾辉等人对景观组分的修正转移概率方法是能够清晰反映景观格局变化过程的研究方法。

县域景观格局变化过程中的景观要素组成变化（简称景观组成变化）研究在第 1 章中的综述的基础数据来源，是此前的遥感数据处理结果中的景观组分百分比（表 2-1）和景观变化转移矩阵（表 2-2~ 表 2-4）。

基于第 1 章中的综述，本研究对于景观要素组成变化所采用的研究方法主要有景观组分百分比、景观组分变化速度、景观保留率和变化率，以及基于修正概率法的景观组分转入 / 转出贡献率和景观组分优势转移过程分析。

景观组分百分比、景观组分变化速度的研究方法，是基于表 2-1中的景观组分百分比变化的数据的分析。景观组分百分比既是景观格局变化的结果的一部分，又反映着县域范围内各类景观地位，在景观组成变化的研究中仅简单地对其反映出各类景观的地位进行分析，其变化趋势作为景观格局变化的结果在后一小节中进行分析。景观变化速度依据表 2-2~ 表 2-4 中的景观组分百分比变化进行计算，在时间轴上的变化是景观组成变化最重要的方面之一 [41]，反映着各个时间点上景观格局中的景观要素组成的形成过程。

针对景观组分百分比和景观组分变化速度的分析中所强调的都是研究时段内 4 个阶段景观组分的净变化，然而，县域景观组成变化过程中的实际情况是，景观组分之间存在相互转移的过程而最终形成了研究时段的 5 个时间点的景观格局。仅基于景观组分百分比的分析，对于景观组分之间的相互转换过程是难以发现的。因此，通过表 2-2~ 表 2-4 中的景观变化转移矩阵，使用修正概率法对县域景观格局中各类景观组分之间的动态转移进行分析。景观的动态变化实际上包含着不同组分之间复杂的相互转化过程 [36]，景观组分百分比和景观格局的动态变化都无法详细反映出不同景观组分间的相互转化的详细信息 [37]。景观组分转移概率法是景观动态研究的方法之一，其计算方法为景观组分的变化面积除以景观组分的初始时间点的总面积，以百分数表达。然而，这一传统方法往往使计算得到的转移概率受到组分初始面积的强烈约束，那些转移概率较大的类型或转移过程往往不能代表景观变化的主要趋势，进而难以对景观变化的驱动力研究提供可行的支撑 [38]。本研究借用曾辉等的修正转移概率方法对景观组分转移进行研究，该修正后的方法是以区域内景观发生转移的区域总面积作为基数，因此使各种景观之间的相互转换概率可以进行直接比较。转移概率法是揭示景观组分转移细节信息的有效手段，尤其是多个时间段景观组分转移概率的比较分析，可以很好地回顾景观变化的过程，并对景观变化的变化原因进行剖析[19,36]。

基于此前的遥感数据处理得到的各时间点的景观组分百分比以及各时间段中的景观变化转移矩阵，通过景观组分百分比、景观组分变化速度以及基于修正转移概率方法下的多种分析方法，可以对本书研究对象——粤西北部地区县域景观格局中的景观要素组成的变化过程进行多方面分析。以上所采用方法的计算方式和具体公式等，将在第3.2节中进一步阐述。

2.2.1.2 景观格局变化的结果研究：时间点上景观格局的状态

景观格局处于不断变化过程中，本研究对不同的静态时间点上景观格局的对比研究，称为景观格局变化的结果研究，即这一时间点是此前时间段中景观要素不断变化所导致的阶段性结果。

由第1章中通过知识图谱的方式对景观格局研究的中英文文献的综述可见，以景观格局指数评估和描述景观格局，是国内外景观格局变化研究最为常用的研究方法。本研究也将采用景观格局指数的方法对粤西北部地区县域景观格局进行不同时间点上的变化结果进行研究。

另外，根据第1章中的研究综述，土地利用/覆盖变化（LUCC）与景观格局变化之间有着极其紧密的联系，由于LUCC一直是全球研究的热点问题，因此以LUCC/景观要素组成变化为基础，发展出的对土地/景观格局的静态评估方法，也适用于不同时间点的景观格局变化结果上。通过借鉴这些LUCC研究的方法，可以更好地对景观格局在不同时间点上的某一方面或某几方面的状态变化进行把握。

（1）景观格局指数评估

对景观格局进行分析的目的，是从看似无序的景观要素镶嵌中发现潜在的、有意义的规律性，并确定产生和控制空间格局的因子和机制[98]。为了建立景观格局与生态过程之间的联系，对景观格局的描述有3种方式，即文字描述、图和表描述以及通过景观格局指数描述[99]。对景观格局进行定量分析，是研究景观空间异质性的成因及其生态学含义的第一步[5]，是景观格局和生态过程之间关系的基础[100]。自20

世纪 80 年代开始，为了测定景观格局对生态过程的影响，必须用简单的数字描述复杂的景观格局，景观格局指数应运而生[17]，并对推动景观生态学的发展起到了巨大的作用[100]。

景观格局指数是能够高度浓缩景观格局信息，反映其结构组成和空间配置某些方面特征的简单定量化指标[2]，可用以实现对同时异地、同地异时、异地异时的景观空间格局的比较研究[100]。随着时间的推移，信息论、分型几何学等新学科和计算机技术、遥感领域的发展带来了越来越多的景观格局指数[17]，常用的景观格局指数已经达五六十个。如今，数量众多的景观格局指数存在类型少、生态意义模糊、信息重复度高的问题[17]；然而不可否认的是，景观格局指数依然是对研究对象区域范围内的景观格局描述和评价的有效方法。

使用景观格局指数方法所需的主要基础数据为不同时间点上的遥感影像解译图，如图 2-1 所示，即为粤西北部地区县域各时间点上的遥感解译图。借助 GIS 软件对这些具有矢量数据的遥感解译图进行栅格化等基本处理后，使用景观格局指数分析专业软件 Fragstats 进行运算。Fragstats 软件是 University of Massachusetts 的 Kevin McGarigal 博士开发的一款基于分类地图模式计算各种景观指数的软件，源于 1995 年的美国农业部森林服务通用技术报告。由于广受专业人士的欢迎，该软件最新版本已发展至 4.2 版本①。本研究将使用 Fragstats 4.2 软件对粤西北部地区县域景观格局指数进行计算。

（2）LUCC 相关方法对景观格局的评估

LUCC 和景观格局组成变化的研究有着基本相同的概念。本研究以时间点上静态的景观格局状态作为变化的结果进行研究。景观要素组成在时间点上静止状态的最基本表现是景观组分百分比。LUCC 的许多研究方法都是基于景观组分 / 土地利用百分比这一基础数据。通过前文综述可知，本研究在既有众多方面的 LUCC 研究方法中，选择土地利用程度指数和景观生态恢复力两种直接与景观组分百分比挂

---

① Fragstats 官方网址为 http：//www.umass.edu/landeco/research/fragstats/fragstats. html，相关信息见该官网。

钩的评价方法，对研究区域县域内的人类改造程度和自然生态保留程度的变化趋势进行评价。

土地利用程度体现了人类对县域景观格局改造的广度与深度。早在"七五"期间开展全国县级土地利用现状调查工作时，中国科学院已经开始进行土地利用程度的综合性评估研究[101]，可见县域土地利用程度受重视之早。如今我们所常用的土地利用率、未利用地比例、垦殖指数、土地农业利用率、园地指数、林地指数，以及城镇化指数等指标，都可以间接地从某一个角度反映土地利用的程度[102]，然而这些指标都不利于反映一个区域内的综合水平和变化趋势，也难以在不同区域之间横向比较，无法进行区域间差异的分析[103]。刘纪远提出的一套数量化土地利用程度分析方法弥补了上述各类指数存在的种种问题而受到广泛使用。本研究对于粤西北部地区县域景观格局的土地利用总体程度，将沿用刘纪远所提出的方法。

景观生态恢复力反映着区域内景观在受到人工改造过程中的恢复能力，对其的研究有着久远的历史。20 世纪 40 年代"土地健康"的概念被提出并成为一门科学[104]，在今天来看"土地健康"包含于土地利用 / 覆盖变化的研究范畴。后来，"土地健康"衍生出了对生态更为宏观的"生态系统健康"的研究[105]。对生态系统健康的研究中，引发了众多学者集中对其评价体系进行研究[106]。虽然学者们的研究已形成了许多对生态系统健康的评价体系，但是仍未有任何一套获得一致认可[107]。然而，在众多生态系统健康评价体系中，生态恢复力被认为是生态系统健康评价的核心指标之一[108]。生态恢复力被刘明华等定义为生态系统受到压力胁迫后，能够保持或者恢复其生态结构和生态功能稳定性的能力[109]，该指数对于评价区域的生态意义重大。本研究借鉴刘明华等对景观生态恢复力的评价方法，对粤西北部地区县域景观格局的生态恢复力进行评价。

土地利用程度指数和景观生态恢复力对景观格局变化结果的评价，所需的基础数据都是由遥感影像解译得到的景观组分百分比，即表 2-1 中的数据。两种评价方法的具体计算方法和计算公式见第3.3 节。

2.2.2 景观格局变化研究基础：遥感与地理信息处理

遥感数据是当下进行景观和土地变化定量研究的可行方法[110,111]。在第 1 章中已根据地形和经济状况，在粤西北部 10 个县域中选出了德庆、怀集、新兴 3 个县域作为代表，对这些具有代表性的县域景观格局变化进行深入分析和研究的前提，是获取遥感影像数据并进行处理。对遥感数据的获取、处理和得到的结果有以下几个步骤。

（1）遥感数据获取和预处理

对于粤西北部地区县域景观格局变化的研究，需要获取较大尺度上的遥感影像作为研究的基础数据。本研究以美国地质勘探局（United States Geological Survey，简称 USGS）官网提供的美国国家航空航天局（National Aeronautics and Space Administration，NASA）陆地卫星（Landsat）的遥感影像数据作为县域景观格局研究的基础。Landsat 遥感影像具有起始年份早、时间连续、空间分辨率相对其他数据较高等优势，是当前景观格局、土地利用 / 覆盖变化（LUCC）研究最为广泛使用的遥感数据源之一[16]。

在第 1 章中确定了 3 个粤西北部地区的代表县，对 3 个县域在 1992—2012 年约每 5 年一期的遥感影像进行获取。由于植物生长、水体都在一年中随季节变化，需要在遥感图像的选择上注意季相[40]，故对县域的 5 个年份的遥感航拍获取时间都集中在当年的 10 月至第二年的 1 月。因 Landsat 7 卫星在 2003 年后 ETM+ 传感器部分出现故障，大部分遥感影像图幅中都出现了条带问题，故主要以 Landsat 4-5 卫星的 30 米 / 像素的 TM 数据进行分析。在 TM 数据源中，1992 年、2002 年、2007 年、2012 年 4 期年末的遥感影像都具有较好的质量，而 1997 年影像因云量普遍较高而质量欠佳，故以 1996 年的遥感影像替代。

在获取遥感影像后，使用 ENVI 5.2 软件对粤西北部地区县域的遥感影像进行大气校正和几何校正，解决影像几何畸变的问题，将平均误差控制在一个像元内。对影像进行裁剪以提取研究区的影像数据，运用线性拉伸对影像进行图像增强，有利于人工解译的判断和计算机分类的进行。

（2）遥感影像中景观要素的分类

根据本研究对景观作为"土地镶嵌体"的定义，遥感影像中对景观的识别分类主要依据其解译标志，即遥感图像上能直接反映和判别地物或现象的影像特征。遥感图像的分类实际是将图像中的每个像素点都归拢于若干个类别，将图像中包含的矢量数据信息从彩色或灰度空间转换为目标模式空间的工作平台[40]。

对本研究中使用的遥感航拍的识别主要依靠反映地物光谱信息作为解译标志，结合《土地利用现状调查技术规程》以及过往研究[112-114]，并从实地的调查情况来看，适宜将景观要素分为林地景观、耕地景观、建设用地、水域景观和未利用地这5大类。其中，林地景观包括各类密度覆盖的林地、果园及茶园；耕地包括水田、旱地；建设用地包括城镇建成区、农村居民点、交通用地、工矿用地等；水域景观主要包括河流、水库；未利用地为地表无覆盖物的土地，包括林业采伐、工程建设导致的裸地以及滩涂等。

（3）遥感影像解译及检验

依据上述对景观格局中景观要素的分类，通过 ENVI 5.2 软件对遥感影像进行解译，即识别分类。在 ENVI 5.2 中采用监督分类中的最大似然比分类法（maximum likelihood classification），这一方法假设每一个波段的每一类统计都呈正态分布，计算给定像元属于某一训练样本的似然度，像元最终被归并到似然度最大的一类当中[115]。本研究通过初步的实地调研、谷歌地球更高精度的遥感影像对照，对研究区各类地物有一定的了解，从而较准确地选择训练样本来代表整个区域内每个类别的光谱特征差异。在样本选定后，对各类地物进行分离度评价，使训练样本达到分类要求。

由于监督分类是按照图像的光谱特征进行聚类分析，因而具有一定的盲目性，所以容易存在较多的碎小图斑。因此，对获得的分类结果进行聚类统计、去除分析两方面的分类后处理。

通过 ENVI 5.2 完成以上遥感影像解译工作后，需对解译结果进行精度检验。本书采取误差矩阵评价方法，在解译获得的景观分类图中的各种地物类别上进行随机布点，通过相近时相更高精度影像（谷歌地球遥感影像）的人工判读来对各县域各期的判读结果进行精度评估。

通过建立精度检验混淆矩阵来计算总体分类精度和 Kappa 系数，对解译的精度进行评估。总体分类精度等于被正确分类的像元总和除以总像元数，被正确分类的像元数目沿着精度矩阵的对角线分布，总像元数等于所有真实参考源的像元总数；而 Kappa 系数是通过把所有真实参考的像元总数乘以精度矩阵对角线的和，减去某一类中真实参考像元数与该类中被分类像元总数之积后，再除以像元总数的平方减去某一类中真实参考像元总数与该类中被分类像元总数之积对所有类别求和的结果。[116]

检验结果为 1992 年、1996 年、2002 年、2007 年、2012 年代表县域的平均总体分类精度分别为 0.865、0.893、0.889、0.908、0.938，平均 Kappa 系数为 0.865、0.893、0.889、0.908、0.939，均高于 0.8，表明解译结果符合研究要求。

通过 ENVI 5.2 解译、处理并检验了精度的粤西北部地区县域景观格局解译图，如图 2-2 所示；另外，解译图相对应的各类景观要素组分百分比见表 2-1。

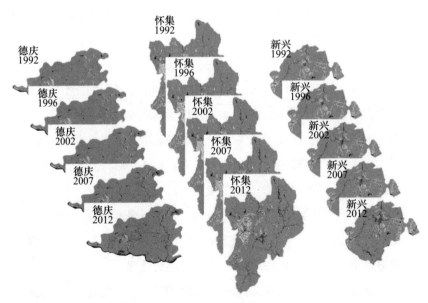

图 2-2　粤西北部地区县域各时间点遥感影像解译结果图谱
来源：遥感影像解译。

表 2-1 德庆、怀集、新兴县 5 个时间点景观组成百分比

景观类型	建设用地	林地	耕地	水域	未利用地
德庆 1992 年	2.43%	81.63%	9.07%	2.89%	3.98%
德庆 1996 年	2.97%	81.30%	8.39%	3.05%	4.29%
德庆 2002 年	3.28%	80.73%	8.39%	2.87%	4.72%
德庆 2007 年	4.20%	76.40%	8.24%	2.98%	8.17%
德庆 2012 年	6.79%	77.82%	6.15%	2.93%	6.32%
怀集 1992 年	2.52%	76.68%	11.95%	1.33%	7.51%
怀集 1996 年	3.03%	76.65%	11.29%	1.34%	7.69%
怀集 2002 年	3.57%	78.29%	11.11%	1.38%	5.65%
怀集 2007 年	4.71%	78.93%	10.51%	1.40%	4.45%
怀集 2012 年	5.83%	74.38%	10.51%	1.43%	7.85%
新兴 1992 年	3.87%	78.87%	13.97%	1.23%	2.05%
新兴 1996 年	4.30%	78.82%	13.49%	1.22%	2.17%
新兴 2002 年	5.00%	77.58%	13.32%	1.21%	2.89%
新兴 2007 年	5.73%	76.54%	13.21%	1.20%	3.31%
新兴 2012 年	8.37%	71.15%	11.94%	1.18%	7.36%

来源：遥感影像解译。

（4）ArcGIS 处理及计算结果

借助 ArcGIS10.2 对上一步在 ENVI 中形成导出的栅格图像进行预处理。在 ArcGIS10.2 中对栅格图像进行栅格转换为可用作空间分析的矢量面集合 shape 文件，并使用融合工具将分散的 shape 按照景观分类统一为 5 个 shape，景观组成变化分析所需 ArcGIS 中的预处理已完成。对上述提取的遥感影像信息，在 ArcGIS 中使用相交工具，通过不同时期的相互叠加可获得粤西北部地区县域四个时段的景观变化图谱及其空间信息，其中具体包括图 2-2 中的每个县域、每个时间段的景观变化图谱，以及表 2-2~ 表 2-4 中相对应的景观变化转移矩阵。

基于表 2-1~ 表 2-4、图 2-1~ 图 2-2 中的数据，在第三章的县域景观格局变化研究中分别进行景观格局变化的过程（章节 3.2）和结果（章节 3.3）分析。

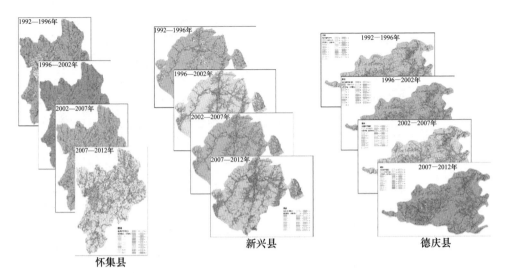

怀集县　　　　　　　新兴县　　　　　　　德庆县

图 2-3　粤西北部地区县域各时段景观变化图谱
来源：作者通过 ArcGIS 处理所得。

表 2-2　德庆县各时间段景观变化转移矩阵　单位：公顷（hm²）

德庆县 1992—1996 年景观转换矩阵					
	建设用地	水域	林地	耕地	未利用地	1992 年小计
建设用地	5027.5	206.4	77.2	67.6	116.5	5495.2
水域	6.1	6474.1	22.7	14.6	4.1	6521.6
林地	516.5	49.9	176705.5	1459.1	5536.2	184267.2
耕地	584.4	62.2	2806.4	16537	488.2	20478.2
未利用地	563.9	89.1	3931.8	861.5	3539.6	8985.9
1996 年小计	6698.4	6881.7	183543.6	18939.8	9684.6	225748

德庆县 1996—2002 年景观转换矩阵					
	建设用地	水域	林地	耕地	未利用地	1996 年小计
建设用地	6226.0	185.2	73.1	78.4	135.7	6698.4
水域	243.8	6188.5	19.7	59.4	370.3	6881.8
林地	425.6	36.5	174566.5	1981.8	6533.2	183543.6
耕地	336.7	42.5	2459.0	15806.2	295.1	18939.6
未利用地	176.4	24.7	5132.7	1025.7	3325.1	9684.7
2002 年小计	7408.5	6477.4	182251.1	18951.5	10659.5	225748

德庆县 2002—2007 年景观转换矩阵					
	建设用地	水域	林地	耕地	未利用地	2002 年小计
建设用地	6784.1	249.6	112.0	82.2	180.6	7408.5

水域	151.6	6269.5	12.4	18.3	25.8	6477.6
林地	1300.5	47.2	165615.1	2551.9	12736.2	182250.9
耕地	724.2	40.4	1481.1	15747.9	957.9	18951.5
未利用地	526.0	127.0	5261.7	197.5	4547.2	10659.5
2007 年小计	9486.6	6733.7	172482.3	18597.8	18447.7	225748

德庆县 2007—2012 年景观转换矩阵

	建设用地	水域	林地	耕地	未利用地	2007 年小计
建设用地	9100.9	74.1	95.4	43.6	172.7	9486.7
水域	647.4	6018.1	12.7	6.7	48.7	6733.6
林地	3480.7	52.8	161067.2	896.1	6985.2	172481.9
耕地	843.7	69.6	1876.3	12631.7	3176.6	18598.0
未利用地	1251.4	404.1	12616.7	296.7	3878.9	18447.8
2012 年小计	15324.1	6618.6	175668.3	13874.9	14262.1	225748

来源：作者通过 ArcGIS 处理所得。

表 2-3　怀集县各时间段景观变化转移矩阵　单位：公顷（hm²）

怀集县 1992—1996 年景观转换矩阵

	建设用地	林地	未利用地	耕地	水域	1992 年小计
建设用地	8756.6	48.9	68.8	130.2	9.1	9013.6
林地	153.3	261325.4	12326.5	135.3	63.4	274003.9
未利用地	346.0	12222.3	14014.9	210.8	43.5	26837.5
耕地	1550.2	249.0	1045.5	39835.0	24.3	42704.0
水域	6.8	38.5	23.4	28.3	4657.9	4754.9
1996 年小计	10812.9	273884.1	27479.2	40339.7	4798.0	357314

怀集县 1996—2002 年景观转换矩阵

	建设用地	林地	未利用地	耕地	水域	1996 年小计
建设用地	10528.6	48.5	74.5	156.7	4.4	10812.8
林地	511.8	264020.7	8868.1	342.0	143.3	273885.9
未利用地	386.5	15013.8	11105.4	928.6	44.1	27478.3
耕地	1313.6	622.6	125.3	38239.0	38.6	40339.1
水域	20.1	41.5	15.8	16.6	4703.9	4797.9
2002 年小计	12760.6	279747.1	20189.0	39682.9	4934.3	357314

怀集县2002—2007年景观转换矩阵

	建设用地	林地	未利用地	耕地	水域	2002年小计
建设用地	12441.2	78.8	48.5	184.1	7.9	12760.5
林地	1059.2	269287.6	8618.6	708.4	74.8	279748.5
未利用地	706.2	12128.0	7127.0	171.2	56.2	20188.5
耕地	2590.3	497.3	87.3	36471.9	35.4	39682.2
水域	21.4	39.6	11.8	30.1	4831.4	4934.2
2007年小计	16818.2	282031.2	15893.2	37565.7	5005.6	357314

怀集县2007—2012年景观转换矩阵

	建设用地	林地	未利用地	耕地	水域	2007年小计
建设用地	16519.6	45.1	129.7	120.5	3.7	16818.6
林地	2441.8	256617.7	21408.8	1401.9	159.9	282030.2
未利用地	306.2	8838.3	6393.6	322.9	32.3	15893.4
耕地	1555.6	220.9	85.0	35690.8	13.9	37566.2
水域	13.5	31.3	24.8	28.0	4908.1	5005.6
2012年小计	20836.6	265753.3	28041.9	37564.1	5118.1	357314

来源：作者通过 ArcGIS 处理所得。

表2-4　新兴县各时间段景观变化转移矩阵　单位：公顷（hm²）

新兴县1992—1996年景观转换矩阵

	建设用地	水域	耕地	未利用地	林地	1992年小计
建设用地	5508.9	1.3	76.9	230.3	66.7	5884.2
水域	7.5	1830.6	4.3	14.8	5.9	1863.0
耕地	534.0	4.2	19454.7	886.7	354.0	21233.5
未利用地	228.5	5.9	597.1	1630.9	658.0	3120.4
林地	252.2	6.7	372.9	533.1	118687.9	119852.9
1996年小计	6531.1	1848.7	20505.9	3295.8	119772.5	151954

新兴县1996—2002年景观转换矩阵

	建设用地	水域	耕地	未利用地	林地	1996年小计
建设用地	6276.1	0.4	95.7	104.2	54.8	6531.2
水域	1.9	1823.8	5.4	11.1	6.6	1848.8
耕地	633.1	5.4	18561.4	696.2	609.8	20506.0
未利用地	283.8	4.2	866.7	1686.4	454.8	3295.8
林地	402.9	8.4	703.6	1897.7	116759.5	119772.2

2002 年小计	7597.7	1842.3	20232.7	4395.6	117885.6	151954

新兴县 2002—2007 年景观转换矩阵

	建设用地	水域	耕地	未利用地	林地	2002 年小计
建设用地	7295.0	4.7	113.5	120.7	64.1	7598.0
水域	9.0	1789.5	5.8	29.8	8.1	1842.3
耕地	793.9	5.0	17712.8	786.4	934.9	20233.0
未利用地	294.9	13.0	744.2	2113.8	1229.9	4395.8
林地	318.3	9.2	1502.9	1977.9	114076.6	117884.9
2007 年小计	8711.2	1821.4	20079.2	5028.7	116313.6	151954

新兴县 2007—2012 年景观转换矩阵

	建设用地	水域	耕地	未利用地	林地	2007 年小计
建设用地	8338.7	5.5	99.2	250.9	16.8	8711.1
水域	11.4	1743.4	6.5	47.3	12.8	1821.4
耕地	1410.7	5.9	16744.3	899.5	1019.3	20079.7
未利用地	777.4	32.8	570.5	2384.9	1263.1	5028.8
林地	2172.9	11.7	727.8	7595.3	105805.3	116312.9
2012 年小计	12711.1	1799.2	18148.4	11178.0	108117.3	151954

来源：作者通过 ArcGIS 处理所得。

2.3 景观格局变化与发展的关联

2.3.1 以可持续生计方法作为评估和描述发展的工具

在第 1 章中对过往景观格局变化驱动力和可持续发展评估工具的综述中，通过对景观格局变化驱动力研究框架与可持续评估工具相结合的研究，提出可持续生计方法（Sustainable Livelihood Approach，简称 SLA）较其他框架的 4 方面突出特点，即包含系统内外且默认非线性、由针对贫困研究而来、多尺度适宜性、景观格局及其中要素在框架中凸显，因此更适合作为本研究对粤西北部地区县域景观格局和发展之间关系的研究工具。通过此前综述，在众多由不同组织所发展的可持续生计方法框架中，英国国际发展部门（The UK's Department for International Development，DFID）的框架可谓经典范式 [85,87-89]。

DFID 对可持续生计的理解是："只有当一种生计能够应对、并在压力和打击下得到恢复；能够在当前和未来保持乃至加强其能力和资产，同时又不损坏自然资源基础，这种生计才是可持续的"[93]。DFID 的 SLA 框架主要由 5 大要素组成，包括脆弱性背景、生计资本、结构和过程转变、生计策略、生计产出，这些要素的相互关系如图 2-4 所示。

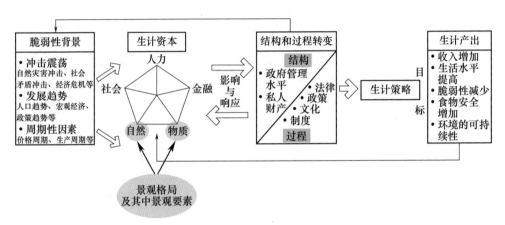

图 2-4　DFID 的可持续生计方法框架及景观在其中的位置
来源：*Sustainable Livelihoods Guidance Sheets*。[93]

SLA 框架中的生计主体可以是一个农民或一个农户，也可以是一个村、镇、县、市甚至更大范围的区域。在框架中，生计主体自身拥有 5 大类生计资本（图 2-4 中的五边形），包括人力资本（健康、技能、知识等）、金融资本（现金、储蓄、珠宝、保险等）、物质资本（住房、交通设施、水资源设施等）、自然资本（耕地、水资源、森林、空气、生物多样性等）、社会资本（关系网络、组织成员关系等）[93]。在图 2-4 中，5 个类别的生计资本被简化表达为一个等边五边形，但这并非意味着资本的 5 个方面是完全对等，也并非在生计循环中一定会同时增长，如图 2-5 中所举的 DFID 版本框架使用手册中的一个例子：开始时左侧五角形的社会资本（即图中"S"）和物质资本（即图中"P"）顶点在收缩减弱，通过加大金融资本（即图中"F"）和人力资本（即图中"H"；提供技能培训）的投入，变为右侧4方面顶点都在向外扩张、总面积增大的五边形[93]。另外，值得注意的是，图2-5中的例子仍偏理想化——自然资本（即图2-5中"N"）始终保持不变，事实上自然资本包括不可再生资源，因此发展总会对自然资本有所消耗或转换，使五边形的一角收缩减弱。本书认为，在SLA框架下针对生计资本讨论时，生计循环能使五角形不断增大面积，且多数顶点向外的扩张相对均衡，即代表整个生计的发展呈积极状态。

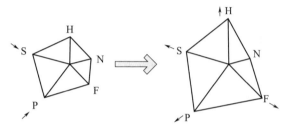

图2-5　DFID框架使用手册中所举的生计资本五边形变化的例子
来源：*Sustainable Livelihoods Guidance Sheets*。[93]

如图2-4所示，生计主体根据结构和过程的转变，即产权和政策、法律的允许范围，基于自身拥有的资本组合，采用生计策略以追求生计产出，生计的产出又反哺生计资本使得生计资本不断积累，形成了闭合的循环圈。主体所拥有的生计资本与结构和过程转变的关系中，不仅在追求生计产出的过程中响应结构和过程的转变，也受到结构和过程对生计资本的影响，例如产权结构和政策对生计资本的定义，就使得生计资本在不同生计策略中的价值不同。除此之外，生计资本还受到主要来自外界的脆弱性背景内容的影响，诸如自然灾害冲击、经济危机、价格周期等都属于脆弱性背景中的内容。这些因素都将或直接或间接地影响着生计主体所拥有的生计资本。

DFID认为，该框架中最重要的良性反馈结果有两方面：一是脆弱性背景在结构和过程变化中有所减弱，二是生计产出对于生计资本有效反哺，同时具有这两点的生计即能可持续地发展下去[93]。

2.3.2 景观格局及其中要素在发展评估框架中的位置

为了探讨县域景观格局与发展间的关系，需要明确景观格局及景观格局中的各类要素在选用的可持续生计方法框架中的具体位置，这是对景观格局和发展的联系进行研究和探讨的重要铺垫。

从图 2-4 中的可持续生计方法框架可见，县域景观格局及其要素在该框架中的位置位于生计资本五边形中的自然资本和物质资本的范围内（图 2-4 下侧），而根据此前对 DFID 的可持续生计方法框架探讨可知，生计资本是整个框架中最为核心的内容，它与框架中其他 4 个部分中的 3 个——脆弱性背景、结构和过程转变、生计产出——都有着直接的联系（图 2-4 上侧的生计资本在框架中与其他部分的直接箭头联系）。

景观格局及其要素在可持续生计方法的框架中与其他部分的多重箭头联系，从侧面反映了景观格局及其要素在发展过程中所受到的复杂影响，然而，通过该框架中对生计资本的定义以及框架中的具体箭头关系，可以对景观格局及其中要素在框架中的位置进行更为清晰的梳理。

（1）县域景观格局中的景观要素，是县域在追求发展的过程中所拥有的资本对象，其变化的原因一方面是因为发展中被使用，另一方面则是县域为了使其发展适应结构和过程转变而进行的主动调整。

由图 2-4 中的"生计资本→结构和过程转变→生计策略→生计产出"的这一顺序可见，景观格局中的景观要素是在结构和过程转变允许的条件下，县域基于既有的景观要素通过生计策略追求增加生计的产出，因此，县域景观格局中的景观要素是县域在发展过程中的重要空间实体资本。在这 4 个部分的流程中，景观要素由于被用作资本使用，因而导致景观要素发生改变。

与此同时，如图 2-4 所示，生计资本与结构和过程转变存在着影响和响应的双向关系，意味着一旦财产结构、法律和制度、政策等发生改变，将会使得生计对象主动对景观要素进行调整，以顺应结构和过程的转变，获得更好的发展。在图 2-4 中生计资本对结构和过程转变的响应过程，也会导致景观要素的变化。

（2）县域景观格局是县域的发展过程在某一个时间点上导致的结果。

根据景观格局的定义，景观格局是由一系列大小不一、形状不同的景观要素在空间上进行排列和组成而形成，景观要素在发展过程中的变化导致了景观格局的变化。在人文因素和自然因素的驱动下，景观格局的变化始终处于动态的状态下，对于景观格局变化的研究是对某一时间点上相对静态的变化结果进行研究，通过不同时间点的景观格局结果进行对比得到景观格局在一定时间段内的变化总体趋势。

在图 2-4 中，由各类景观要素所组成的景观格局同其要素一样，属于生计资本中的物质资本和自然资本范畴，然而根据其定义，县域景观格局是县域发展过程中运用景观要素追求发展而导致的在某时间点上所形成的空间组合、排列结果。图 2-4 中的"生计资本→结构和过程转变→生计策略→生计产出→生计资本"这一循环，以生计资本作为起点，并以生计产出反哺生计资本作为循环的终点，同样说明了县域景观格局的变化是县域发展的时间维度上某点的相对静止切片，即某个时间点上的结果。

由上述两方面对县域景观格局及其中景观要素在可持续生计方法框架中的论述可见，在 DFID 的可持续生计方法框架下，县域景观格局中的景观要素是县域发展过程中的重要资本，县域景观格局是发展过程导致的某一时间点上结果，即景观要素排布和组合状态。

从可持续生计方法的框架中来看，县域景观格局变化是发展过程中的重要生计资本变迁现象，是 SLA 框架下生计循环中的重要环节，是县域发展的重要支撑。

2.3.3 县域景观格局与发展关联研究基础：数据与信息支撑

通过第 2.1 节中提及的步骤（1）的"景观格局变化及其中要素变化深入研究"，粤西北部地区县域景观格局及其中景观要素变化的空间信息将会十分充分，要构建景观格局与发展之间的关联，更多需要的是对应选定的可持续生计方法框架中各个部分的社会、经济的信息和数据。有了足够充分的社会、经济的信息和数据后，可以对县域的发展进行更为具体的描述和评估，并进一步将景观格局及其中景观要素变化的空间数据与发展的各方面特点相对应，实现县域景观格局变化与发展的关联。

在使用系统论方法的情况下，景观格局变化驱动力受到系统内外、不同尺度的驱动因素的影响[21]，因此，对于社会、经济的信息和数据的获取应由研究框架确定方向和基本内容后，对不同尺度的信息和数据进行收集和整理、分析，即除了粤西北部地区县域外，所在市域、广东省域乃至全国的社会、经济信息和数据都应考虑收集、整理，以便确切建立在不同尺度作用下的县域发展与景观格局变化的关系。

本研究通过历年《中国统计年鉴》《中国农村统计年鉴》《中国环境年鉴》《中国环境与发展国际合作委员会专题政策报告》《中国县域统计年鉴》《中国乡镇企业及农产品加工业年鉴》《中国人口与就业统计年鉴》《广东统计年鉴》《广东农村统计年鉴》等数级十余类统计年鉴，以及各级人口、经济普查数据获取各个层面的社会经济数据。另外，通过改革开放以来国家级、广东省级、肇庆和云浮市级、各县域级的"五年计划/规划"，以及中央一号文件、政府工作报告、国民经济和社会发展统计公报等政策性文件，获取各个层级的社会经济政策信息。

对于社会、经济信息和数据的具体使用，应由本研究选取的研究框架——可持续生计方法框架来确定。基于 SLA 框架下对不同尺度中县域发展的描述和评估数据和信息的确定，将在第 4.1 节中进一步深入探讨。

2.4 参与者为了发展而主导的景观变化驱动力分析

基于第 2.1 节中"景观格局变化与发展关联建构"，借助于可持续生计方法的框架，可以进一步对景观变化驱动力和其中的驱动因素进行更为深入的分析和探讨。然而，可持续生计方法作为一种针对贫困的可持续发展评估方法，强调生计对象，仅靠既有景观驱动力研究结果中的人口、经济、政策、技术等因素，并不能通过该框架进行景观格局变化的驱动力和驱动因素上的深入探讨，需要对其框架进行一定的重构。

Matthias Bürgi 等提出的景观格局变化驱动力一般步骤中已经强调了参与者（actor）的重要性（图 1-8），在探讨景观格局变化与发展的关系中，这一参与者与可持续生计方法框架中的生计对象可等同。从参与者的角度来看，不同的参与者以使用景观要素追求发展导致景观格局发生变化。在这个改变景观要素乃至景观格局的发展过程中，不同的参与者其发展目的不同，在他们各自所具有的不同条件下，对景观的改变方式也不同。

在深入探讨景观格局变化驱动力的步骤中，首先，需要探讨选用的可持续生计方法框架是否具有分析复杂性的景观格局变化驱动力的全面性，即可能的各方面驱动力是否都包含于该研究框架下；其次，通过可持续生计方法框架进行变形和简化，以明确景观格局及其中要素变化在研究框架内受到影响的来路，并撇开其他与景观格局变化不相关的因素，避免干扰；最后，明确不同参与者 / 生计对象对于改变景观格局中的发展目的。通过对以上 3 个方面的探讨，参与者为发展而主导的景观格局变化驱动力分析的大致逻辑框架即可搭建起来。

2.4.1　可持续生计方法在景观变化驱动力分析中的全面性

景观变化驱动力具有高度的复杂性，第 1 章的相关内容对这一点已有综述，因此，本研究选用可持续生计方法的框架作为景观变化驱动力的分析框架。该框架是否具有将过往研究中所提到的驱动力、驱动因素都基本包含其中的全面性，是采用该框架进行景观变化驱动力的基础。通过对过往研究的综述，对景观格局变化驱动力的分析主要分为两大方面因素——自然因素和人文因素[21]。在这两方面因素下，又包含多方面的子因素。将图 2-4 中的可持续生计方法框架与这些驱动因素进行对照，以此验证研究框架是否把多方面的景观变化驱动因素都囊括其中。

将可持续生计方法自身的 5 个组成部分，即生计资本、结构与过程转变、生计策略、生计产出和脆弱性背景，与既有的景观变化驱动因素相对照，可发现过往研究中大部分景观变化驱动力因素都包含在内，而且，在发展的动态视角下，许多驱动因素存在于框架中的不同位置。

（1）自然因素在可持续生计方法框架中的位置

自然因素中的气候、土壤、水分等驱动因素，主要包含于脆弱性背景中的气候变化趋势或者生计资本中的自然资本（图2-4）讨论的范畴下。在 SLA 框架下，一方面，气候、土壤、水分是维持农作物景观发展的重要自然资本；另一方面，气候变化、土壤侵蚀等环境的变化现象还包含在脆弱性背景中的变化趋势中，诸如洪水、台风、干旱等气象灾害则包含在脆弱性背景中的冲击震荡中，框架中的脆弱性背景对包括景观格局中景观要素的生计资本造成影响。

（2）人文因素在可持续生计方法框架中的位置

人文因素包括人口、经济、政策、技术、文化等子因素，对景观格局变化的驱动具有复杂性。同样，这些人文驱动因素在可持续生计方法框架下包含于不同的部分，并且在动态的发展视角下可能出现在框架的不同部分。接下来将逐一讨论这些既有的景观格局变化驱动因素在可持续生计方法的研究框架下的具体位置和作用。

人口决定着地区生产和消费动力，是发展的重要因素之一[117]。人口驱动因素在可持续生计方法的框架下，可能会在以下这3个部分发挥作用：第一，人口属于生计资本中的人力资本范畴，是发展中的重要资本，如长期以来对"人口红利"[118-120]这一概念的探讨可以充分反映人口的资本属性；第二，根据 DFID 的《可持续生计方法使用手册》[93]，人口变化趋势是脆弱性背景中的重要变化趋势之一，影响着生计资本，例如人口的增多趋势可能会导致住房景观的增多；第三，根据 Ian Scoones 等对农民、农户尺度上的生计研究表明，农民、农户的生计策略主要包括这3个方面，即农业集约化与扩大化、多样化和移民[85]，因此在以农民、农户为生计对象的研究中，人口还涉及 SLA 框架中的生计策略部分。

经济驱动因素对于景观格局变化有着复杂的影响，其中最明显的是参与者/生计对象为了增加收入而推动景观格局中的景观要素变化。在 SLA 框架下，这一过程可以反映在整个框架右侧的循环，即

"自然／物化资本→结果和过程→生计策略→生计产出→金融资本"的发展过程；另外，经济因素还包括市场、价格等因素，市场和价格因素都包含于脆弱性背景中的周期性因素（例如价格周期性因素）或冲击震荡（例如金融危机冲击）。这些脆弱性背景中的经济因素都可能对景观格局及其中景观要素的变化产生影响。经济因素是发展中最重要、最基本的因素，因此，它能以不同的方式对生计的循环乃至景观格局变化产生影响。在借助可持续生计方法框架对景观格局变化驱动力的分析中涉及经济因素时，需要具体问题具体分析地看待经济因素在框架中起到的作用。

政策驱动因素是既有景观格局变化驱动力研究中的重要部分，在可持续生计方法框架下，政策驱动因素主要被包含于"结构和过程转变"这一部分。实际上，SLA框架中的"结构和过程转变"包括上级政府管理层面的多个方面，如图2-4所示，包括政府管理、产权结构、政策、法律、制度等，这些方面都可能成为影响景观变化的因素。以产权结构为例来说明"结构转变"对景观变化的影响：我国的改革开放以"联产承包"制度的推行为起点，"联产承包"使农田的产权中的使用权由集体转向农户，虽然农田的所有产权并未发生改变，但是使用权的改变已经导致了产权结构的实质变化，在这一"结构转变"发生后，农民积极开垦耕地导致了耕地景观的面积迅速上升 [96]。提及"过程转变"对景观变化的影响，过往已有较多如"退耕还林"等的政策驱动因素探讨 [69,121,122]，在此以法律为例进行探讨。在1985年国家宣布经济改革重心由农村转向城市后，建成区的扩张成为耕地不断减少的最主要原因。国家出于对粮食安全方面的考虑，相继出台《中华人民共和国土地管理法》《中华人民共和国基本农田保护条例》等法律法规，并根据发展状况不断地对这些法律法规进行修订，这些法律法规上的措施都促进了耕地景观的保护，提升了耕地景观的稳定性 [96]。由此可见，可持续生计方法框架中不仅包括政策驱动因素，还提供法律、制度、产权结构、政府管理方式等对景观格局变化影响的探讨渠道。

技术驱动因素是探讨相对较少的景观格局变化驱动因素，它在可持续生计方法框架中的作用主要体现在两方面：一方面，技术发展趋势是脆弱性背景中的发展趋势之一，对包括景观格局及其中景观要素的生计资本有着间接的影响；另一方面，技术在实现产业化后，具体的技术产品属于生计资本中的自然资本或物化资本，这些资本的变化可能会影响景观格局变化的过程，如高铁、高速公路的建造，也有可能间接影响着景观格局的变化，例如过往研究已表明，农业现代化中更为普遍地使用机械耕作，使得耕地景观的形状趋向于简单化[123]。

文化驱动因素与技术一样，也是探讨较少的景观变化驱动因素。可持续生计方法框架中多处包含文化因素。第一，SLA 框架中的结构和过程转变这部分中的过程包含着文化[93]，说明景观格局及其中要素乃至其他生计资本有可能在响应文化转变的过程中发生变化。第二，人们以共同或相近的文化作为人际关系中的纽带，因此在可持续生计方法框架下，文化可以包含于生计资本下的社会资本中。在文化中对景观的态度影响着景观的稳定性，例如乡村地区的许多祖祠周围都有风水林，农村居民对风水林的态度可能导致景观的变化或维持原状。第三，因文化而建立的社会网络影响着景观的状态，如上面提到的风水林景观，一般属于全村村民的集体自然资本，村民们对其的态度可能存在差异，但风水林景观是否变化取决于该村的村规民约，而村规民约则受该村中代代相传的宗族文化影响。

上面逐一对既有的各类景观格局变化驱动因素在本研究所选用的可持续生计方法框架中的可能位置进行了探讨。由前文论述可见，可持续生计方法框架具有较强的全面性，以该框架作为景观格局变化驱动力的分析框架具有可行性。

2.4.2　景观变化驱动力分析框架：以景观变化为反馈终点的重构

在上面 2.3.2 小节中对景观格局及其中景观要素在可持续生计方法框架中的位置的论述中，图 2-4 中最主要的反馈是两个粗线条箭头在生计循环中的效果[93]，然而，该框架图中的两个反馈是为了评估发展的可持续性，而本书使用该框架来分析不同参与者主导的景观格局变化驱动力时，更需要建立的反馈机制应以景观格局及其中要素为终点，即"驱动因素（集）←──→参与者──→景观格局及其中要素"的逻辑关系。因此，本研究需要针对参与者的景观格局变化驱动力分析，对选用的可持续生计方法框架以景观变化为反馈终点进行重构。

基于 SLA 框架建立"驱动因素（集）←──→参与者──→景观格局及其中要素"的逻辑关系。在此将对 SLA 框架进一步拆分，以景观变化为反馈终点，根据 SLA 框架中各个部分与景观之间的关系明确驱动力反馈至景观的渠道，得到如图 2-6 所示的框架。由图 2-6 可见，此处框架与图 2-4 中 DFID 的原本框架主要的不同体现在以下 3 个方面。

（1）突出生计资本中景观所在的具体位置和内容

如图 2-6 所示，生计资本中的物质资本和自然资本分别划分成景观类和非景观类，物化资本的景观类资本主要为人工景观，而自然资本的景观类资本主要为自然和半自然景观，两类资本中的景观类资本共同组成了县域景观格局中的景观要素。

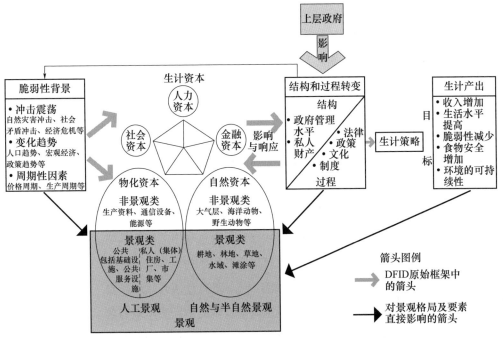

图 2-6　解构的可持续生计方法框架作为景观格局变化驱动力分析框架
来源：作者修改自 DFID 的可持续生计方法框架。[93]

（2）强调生计过程中反馈影响景观格局及其中要素的不同作用渠道

基于可持续生计方法框架中原始的每个部分之间的关系，在图2-6中将对景观格局及其中景观要素产生反馈影响的渠道进行强调，即脆弱性背景、结构和过程转变、生计产出这3个对景观产生影响的部分与景观之间以黑色粗线箭头来表示，而其他部分之间的箭头、文字都采取了淡化的形式。相比于图2-4，图2-6更强调这3个部分对景观变化的反馈影响渠道，其他SLA框架中各部分的相互关系在涉及景观变化驱动力的研究中被弱化。

（3）结构和过程转变部分的分层探讨

如图2-6所示，在结构和过程转变部分上方添加了上层政府的影响这一层面。这一调整旨在更好地应对本书的研究对象——县域——所具有的"上下交会"特点。由于县域具有宏观和微观相交融的特点，县域是一个具有行政边界的相对封闭系统，所以，对于其来自政府管理行为的景观格局驱动因素必须分层探讨。如市级、省级的政策、国家的法律等，则应归为该系统之外对系统内景观格局变化的影响；而县级内部进行的生计循环对景观格局产生的影响，则都应归为系统内的驱动因素。

上层政府的行政管理行为可以直接影响县域的生计资本，并由此影响县域的生计循环。例如，县域上级政府提出的支持该县域扶贫、发展等类型的财政支持政策，就是县域系统外的结构和过程转变产生的政策，该财政政策改变了县域系统内的金融资本，如图2-6中的框架流程，县域利用来自系统外的这部分金融资本改变生计策略，以追求更大的生计产出，在这一过程中可能会导致县域景观格局中的景观要素发生改变。另外，有的县域上级政府提出的政策为授权地方修改《土地利用总体规划》中规定的建设用地指标，即同意该县域可在原本不得建设的区域进行开发，使该县通过调整景观类生计资本来追求生计产出，这一过程势必造成景观格局的改变。此外，县域的人力资本等也可因上级政府的结构和过程转变而推动转变，在此不再做深入探讨。

由上面的论述可见，县域上层政府的结构和过程转变可以直接、有力地影响县域景观格局的变化，因此在如图 2-6 所示的对 SLA 原始框架的重构中，需要将上层政府另外列出；在基于 SLA 框架重构的景观格局变化驱动力分析框架下，生计转变过程中对景观变化产生影响的驱动力渠道被大致确定下来。图 2-6 中的框架略显烦琐，主要是为了展现 SLA 框架的全貌与景观变化的关系，在后文第 5 章针对参与者的景观格局变化驱动力分析中，基于图 2-6 中的逻辑关系，将具体的景观变化驱动力分析框架进行简化。

2.4.3 参与者推动景观变化的目的：景观作为短暂结果的背后动机

在上一部分中以景观变化为反馈终点，对可持续生计方法的原有框架进行重构，形成了与原有框架逻辑关系相一致的景观格局变化驱动力分析框架。然而，在可持续生计方法的原型框架下，景观变化是县域发展造成的时间点上的结果，又是县域发展的重要生计资本，这就意味着景观格局及其中要素的变化仅仅是一个暂时的终点，即它们的变化和发展相同，因为时间维度的不断推进，都没有真正意义上的终点。

在以参与者 / 生计主体对景观格局变化驱动力进行分析的过程中，景观变化并不是发展所导致形成的永恒终点，需要进一步思考的是参与者 / 生计主体推动景观变化的目的，根据第 1 章中的论述，追求发展是推动景观变化永恒存在的动机，然而，作为驱动景观变化的目的，"追求发展"需要进一步被明确，才能使景观变化驱动力的探讨更为深入。因此，只有在参与者 / 生计主体的目的更为清晰的情况下，景观格局变化驱动力的分析才能得以深入。

基于可持续生计方法的景观驱动力分析框架，从参与者 / 生计主体的角度来看，如图 2-7 所示，基于 SLA 的景观格局变化驱动力分析的框架下，参与者 / 生计主体推动生计资本中的景观要素变化的目的如图 2-7（右侧）所示，是为了追求生计产出，而在可持续生计方法框架中，生计产出包括多种类型，在收入增加、生活水平提高、脆弱性减少、食物安全增加、环境的可持续性这几项中，对于本书的研究对象——欠发达的发展"不平衡"县域地区而言，收入水平和生活水平是其相较于发达地区而显得更为贫困和落后的最主要原因。因此，本书认为对研究对象最为重要的生计产出是收入增加和生活水平提高 2 项，对于其他 3 项的讨论则相对较少。对于本研究的景观格局变化参与者、发展中的生计主体而言，推动景观变化的最主要目的是增加收入和生活水平提高。由于可持续生计方法的框架可用于不同的研究尺度，因而对不同的生计主体对象而言，追求发展过程中的生计产出中收入增加和生活水平提高因主体对象的不同而有所差异。

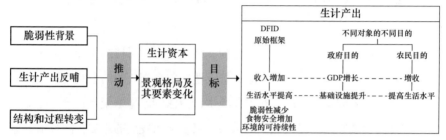

图 2-7　SLA 框架下不同景观格局变化驱动力途径以及不同对象下的不同主要目的
来源：作者根据 DFID 的 SLA 框架[93] 修改。

对于不同主体对象，生计产出具有不同的意义，以本书研究对象——粤西北部县域为例可以说明。对于县政府而言，推动景观变化的追求生计产出中的增加收入主要意味着县域经济上的增长，GDP 增长是政府工作考核的重要指标，而追求生计产出中的提高生活水平则接近于提高县域基础设施的建设水平，因此整体而言，只有县域经济快速增长（尤其是 GDP 指标的增长）、基础设施水平提高，才能减少区域之间在发展上的"不平衡"。另外，对于县域范围内的农村居民而言，推动景观变化的目的——增加收入和提高生活水平——即为字面上的意义。只有农民不断增收，生活水平不断提高，才能从根本上缩小城乡发展之间的不均衡。由此可见，对于不同的景观变化参与者 / 生计主体，生计产出的目标有所区别，但不同的参与者 / 生计主体都在推动景观变化中寻求促进发展过程中的生计循环。

2.4.4　景观变化驱动力研究基础：多样化的论据和方法

参与者 / 生计主体主导的景观格局变化驱动力分析中，涉及多项复杂的驱动因素。这些驱动因素都需要论据证明其对景观格局变化的影响；然而，对于不同的参与者 / 生计主体，驱动因素论据的获取不同。例如，以政府作为主导参与者时，历年连续的统计数据和政策可能将成为最为主要的驱动因素论据；而以农民作为主导参与者时，连续的统计数据可以获得，但通过不同时间点的县域局部高精度遥感影像对比和现场走访，可以获得驱动因素的论据。在此前的第一步景观格局变化研究中，采用的是 Landsat 系列遥感数据源，由于Landsat 缺乏高精度的遥感影像（Landsat7 及之前为 30m/ 像素，Landsat8 为 15m/ 像素），故采用谷歌地球数据源既有的高精度遥感影像对景观格局变化驱动力进行定性研究。总体而言，对于参与者主导的景观格局变化驱动力分析的基础资料获取和研究方法适合以多样化的手段去实现。

2.5　本章小结

本章旨在从理论框架上研究县域景观格局与发展之间的关系，包括关联建立的步骤和内容，并针对粤西北部地区县域开展了必要的研究基础工作。主要研究结论如下。

（1）深入研究景观格局变化的内容和研究基础。将研究分为变化过程和变化结果两方面，包括景观组成的动态变化研究和不同时间点上的静态研究，并采用景观格局指数和土地利用 / 覆盖变化评估方法进行研究基础数据的处理。

（2）研究县域发展与景观格局变化的非线性关联研究。基于可持续生计方法的框架，探讨了其多尺度性和将发展看作循环等特点。在可持续生计方法下将景观格局及其要素归类为框架内的自然和物质资本两方面，认为县域景观格局变化是县域发展过程的结果，并涉及被使用和主动调整，论述了评估县域发展并联系景观格局变化所需的统计数据和信息资料。

（3）深入研究景观格局变化驱动力的框架和基础。从可持续生计方法的视角对景观格局变化驱动力的复杂性进行论述，明确了可持续生计方法作为分析框架的可行性。对可持续生计方法框架进行重构，包括结构和过程转变、脆弱性背景和生计产出反哺等作为景观变化的驱动力渠道；还指出了不同参与者推动景观变化的目的的差异性，并讨论了不同对象的景观格局变化驱动力的多样性方法和论据。

本章对于景观格局变化与发展之间的关联建构的研究，主要为本研究在总体框架上进行搭建，并对后面章节具体的探讨内容进行了研究的基础工作及说明，为本书对景观格局变化与发展之间关系的具体论述和探讨予以重要铺垫。

3 县域景观格局变化

上一章中的景观格局变化与发展关联建构的研究指出，对于景观格局变化与发展之间关系的讨论中的第一步，是对研究对象的景观格局变化进行深入研究，只有在景观格局变化的特点、特征清晰的情况下才能切实探讨景观格局变化与发展之间的关系。同时，上一章对于县域景观格局变化研究应包含的内容已经进行了探讨。

本章对于县域景观格局变化研究，首先，根据本书采用的景观的定义，对粤西北部地区县域景观格局中所包含的5类景观要素的土地利用、生态系统等多方面的属性特征进行论述；其次，分别对粤西北部地区县域景观格局的动态变化过程进行研究，其变化过程的研究内容又包括景观要素的组成变化研究；最后，对于景观格局变化过程导致的各时间点上的静态变化结果进行研究。在本章中使用的研究方法，除了过往研究中对景观格局研究普遍使用的方法外，还包括部分土地利用 / 覆盖变化（LUCC）的研究方法。

3.1 县域景观格局的构成：多属性的 5 类景观要素

第 2 章对于景观格局研究的基础性工作，即遥感影像获取和处理、地理信息处理等步骤已经进行了论述，并列出了处理的结果，包括景观解译图谱（图 2-2）、景观格局变化图谱（图 2-3）等景观格局研究必需的基础信息。根据遥感影像具备的条件、土地利用的分类规范和过往研究的经验，本研究中的粤西北部地区县域景观格局包括建设用地、耕地景观、林地景观、水域景观和未利用地这 5 类景观要素。

本书采纳的对景观的定义为，"一定空间大小的土地镶嵌体，其中当地特有的生态系统和土地利用类型重复出现"[1]。景观格局中的各类景观要素具有两方面的属性：一方面是从人类对景观要素的利用角度体现出的土地利用属性；另一方面是从其中存在差异的生态系统角度体现出的生态属性。另外，从景观格局所承载的生态系统服务的角度来看，由于各种景观要素中具有的生态系统存在差异，造成各类景观中还承载着不同类型的生态系统服务功能。本研究的 5 类景观要素在土地利用、生态系统、生态系统服务功能 3 方面的梳理见表 3-1。

表 3-1　5 类景观要素不同方面属性的梳理和对比

景观要素	土地利用属性	生态系统的一般结构		生态系统服务功能			
		生产者（举例）	消费者（等级依次升高举例）	供给功能	调节功能	支撑功能	文化功能
建设用地	人类生活、生产的最主要区域	相对较少	昆虫、鸟类、啮齿类、已驯化的哺乳类等以及人类	—	—	—	—
耕地景观	人类生存必需的农产品的主要来源区域	基本为已驯化的植物	昆虫、蛙、蛇等	较强	较弱	较弱	较强
林地景观	人类获取林木、水果以及森林物质资源和生态服务的区域	常绿阔叶林类、灌木类、藤类、蕨类等	昆虫、鸟类、大型哺乳动物等	一般	较强	较强	一般
水域景观	人类获取水产的主要区域之一，其中河流还是人类活动的主要交通廊道	藻类、挺水植物、浮叶植物、沉水植物等	浮游动物、虾、鱼类、两栖动物、水鸟类等	一般	较强	较强	一般
未利用地	利用程度较低	相对较少	相对较少	较弱	较弱	较弱	较弱

来源：各类景观中的生态系统的一般结构来自《生态学概论》[124]，各类景观的生态系统服务功能类型来自索安宁[125]、卢京花[126]、尹锴[127]、张明阳[128]、顾泽贤[129] 等人的景观格局与生态系统服务功能关联研究。

3.2　县域景观格局变化的过程：时间点间的动态变化

景观格局变化是由人类以发展为目的活动所导致，景观格局包括景观的组成、景观的空间组合形式等多个方面[2]。两个时间点的县域景观格局之间的变化过程，主要是景观组成上带来的系列变化。

景观在组成上的变化在不同尺度上表现为土地利用覆盖 / 利用变化[130]，是景观格局的变化原因[2]，是一个时间点景观格局向另外一个时间点景观格局变化的中间过程。两个时间点之间景观组成的变化过程中，通过各种景观类型在空间上借助不同的空间模式，最终导致了景观格局变化。因此，不同时间段上景观格局之间的变化过程中，景观组成变化是景观格局变化过程的重要部分。

3.2.1 景观格局变化过程中的景观组成变化研究

景观在组成上的变化是不同时间点上景观格局变化过程中的重要部分。本小节重点对县域景观组成方面的变化进行分析。对景观组成的研究主要指研究区域内景观在面积数量上的各方面变化趋势的研究，也可称为景观组分变化研究[38]。县域景观格局的组成变化决定了县域景观格局中各类景观的地位和作用，也是决定县域景观格局乃至生态系统功能服务的重要方面。

3.2.1.1 景观组分百分比反映的各类景观地位

景观组分百分比反映的县域范围内各类景观地位，也是景观格局变化结果的一部分。由表 2-1 可见，1992—2012 年，林地景观组分在百分比的占有率中始终最大，占全域的七成以上，是县域范围内的绝对主导景观，属于基质类景观；其次是耕地景观；接下来依次是建设用地、未利用地和水域景观。景观组分百分比的组成中，林地景观的持续绝对主导地位更多反映了粤西北部县域的山区地形地貌，居于次位的耕地景观则反映了第一产业在县域经济中的重要性。

由景观组分百分比在表格中的对比可知，粤西北部地区县域景观格局由于县域范围内多为山区地形地貌，林地景观占据绝对的主导地位，其次是反映第一产业重要性的耕地景观，最后是建设用地和未利用地及水域景观。

3.2.1.2 景观组分变化速度分析

景观组分在时间轴上的变化是景观组成变化最重要的方面之一[41]，决定着景观组成和结构的形成过程。在本研究中以不同时段中景观组分的年均变化率代表景观组分的变化速度。景观组分年变化率的计算公式如式（3-1）：

$$K = \frac{(U_{\mathrm{b}} - U_{\mathrm{a}})}{T}$$　　　　（3-1）

来源：《基于 GIS 的土地利用动态变化研究》[41]。式中，K 为研究时段内某一种
景观组分的年变化率，即景观组分变化速度；U_{a}、U_{b} 分别为时段初期和
末期某一种景观组分的面积；T 为研究时段间隔年数。

　　基于此前粤西北部 3 个代表县 5 个时间点的景观转移矩阵中的景
观组分所占面积，通过式（3-1）进行计算得到 4 个时间段各景观组
分的变化速度，并汇集于图 3-1。由于 3 个代表县的水域景观相较于
其他景观十分稳定，故不在图 3-1 中列出。

　　由图 3-1 可知，各代表县域建设用地变化速度呈 "U" 形趋势，尤其
在后两个阶段中呈大幅加速状态；耕地景观变化速度呈 "∩" 形趋势，头
两个阶段耕地的负增长速度呈减慢趋势，而后两个阶段耕地负增长速度呈
显著加速；林地景观变化速度的波动幅度不断增大；而未利用地变化速度
则呈最大幅度的波动，与林地景观变化速度的趋势呈一定的相反关系。

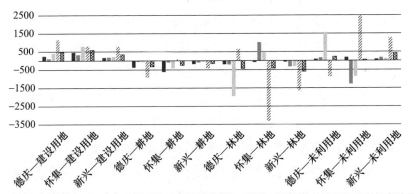

■ 1992—1996年 ■ 1996—2002年 ▨ 2002—2007年 ▨ 2007—2012年 ▨ 1992—2012年全时段

图 3-1　粤西北部县域各类景观的组分变化速度（hm²/a）
来源：作者整理。

3.2.1.3　基于修正概率法的景观组分转入与转出贡献率变化分析

　　景观组分转入贡献率与转出贡献率可以充分揭示不同景观组分转
移特征在区域景观整体变化中的具体地位和作用[38]，能够更加清晰
地描述景观组分动态变化过程中的总体特点和内在驱动机制[40]。景
观组分转入贡献率的计算公式如式（3-2）：

$$T_{ii} = \sum_{j=1}^{n} A_{ji} / A_t \qquad (3\text{-}2)$$

来源:《基于修正的转移概率方法进行城市景观动态研究》[38]。式中,T_{ii} 为第 i 类景观组分的转入贡献率;A_{ji} 为第 j 类景观组分向第 i 类景观组分转移的面积;A_t 为区域内景观组分发生转移的总面积;n 为景观组分的类型数。

景观组分转出贡献率指某一特定景观组分向其景观组分转移的面积占景观总转移发生量的比例。该指标可用于比较不同组分在景观变化过程中发生转出过程的面积减量分配的差异。景观组分转出贡献率的计算公式如式(3-3):

$$T_{oi} = \sum_{j=1}^{n} A_{ij} / A_t \qquad (3\text{-}3)$$

来源:《基于修正的转移概率方法进行城市景观动态研究》[38]。式中,T_{oi} 为第 i 类景观组分的转出贡献率,A_{ij} 为第 i 类景观组分向第 j 类景观组分转移的面积;A_t 为区域内景观组分发生转移的总面积;n 为景观组分的类型数。

基于粤西北部 3 个代表县 4 个时间段的景观转移矩阵,通过式(3-2)、式(3-3)对 3 个代表县各时间段内的各类景观组分的转入贡献率与转出贡献率进行计算,各类景观的组分变化特征如下:林地景观和未利用地在整个研究阶段内都呈现高转出、高转入的特征;耕地景观经历了第一阶段的高转出、低转入后,第二、第三阶段受政策影响后转变为高转出、高转出以保持平衡,第四阶段耕地景观又一次变为高转出、低转入;建设用地是代表县中唯一呈现低转出、高转入的景观;水域景观则是唯一呈现低转出、低转入的景观类型。

3.2.1.4 基于修正概率法的景观组分优势转移过程及贡献率变化分析

景观组分转入、转出贡献率的分析已定向分别对每一种景观组分百分比变化的出入进行了详细的分析,然而无法发现县域范围内这 20 种可能的相互转化中的主次关系。因此,此处再次借用曾辉等的基于修正概率法的景观组分优势转移过程分析,及转移过程中的贡献率分析对研究区域内景观组分动态变化的细节特征进行研究[38]。

通过分别计算区域内每一种景观转变在所有发生的景观变化中的贡献率,然后对贡献率进行排序,对最为主要的多类景观变化类型进行分析,即对特定转移过程贡献率进行分析。特定转移过程贡献率的计算公式如式（3-4）：

$$T_{pi} = \frac{A_{ij}}{A_t} \qquad （3-4）$$

来源：《基于修正的转移概率方法进行城市景观动态研究》[38]。式中，T_{pi} 为某类特定转移过程贡献率；A_{ij} 为第 i 类景观向第类景观发生转移的面积；A_t 为区域内景观组分发生转移的总面积。

通过式（3-4）对粤西北部县域 4 个时间段内所有景观组分转移进行计算，并对所有的景观组分转移进行排序，选择 3 个代表县在 4 个研究时段内最主要的前 8 个特定组分转移作为优势转移，整理列入表 3-2。由表 3-2 可知，所选择的优势转移贡献率百分比加和在各县各阶段中都超过 80%，说明对这部分特定的景观组分转移进行具体研究已足够代表县域整体的景观变化。

表 3-2　粤西北部地区县域优势转移过程及其贡献率与排序 [1]

德庆县							
转移类型	1992—1996年		1996—2002年		2002—2007年		2007—2012年	
	排序	特定贡献率	排序	特定贡献率	排序	特定贡献率	排序	特定贡献率
F→N	1	31.7%	1	33.3%	1	47.6%	2	21.1%
N→F	2	22.5%	2	26.1%	2	19.6%	1	38.2%
FL→F	3	16.1%	3	12.5%	4	5.5%	5	5.7%
F→FL	4	8.4%	4	10.1%	3	9.5%	7	2.7%
FL→B	5	3.4%	6	1.7%	7	2.7%	8	2.6%
N→B	6	3.2%			8	2.0%	6	3.8%
F→B	7	2.9%	5	2.2%	5	4.9%	3	10.5%
FL→N	8	2.8%	7	1.5%	6	3.6%	4	9.6%
合计		91%		87.4%		95.4%		94.2%

怀集县							
转移类型	1992—1996年		1996—2002年		2002—2007年		2007—2012年	
	排序	特定贡献率	排序	特定贡献率	排序	特定贡献率	排序	特定贡献率
F→N	1	42.9%	2	30.9%	2	31.7%	1	57.6%
N→F	2	42.6%	1	52.3%	1	44.7%	2	23.8%
FL→B	3	5.4%	3	4.6%	3	9.5%	4	4.2%

---

[1]　表中的转移类型，"B" 为 Built-up 缩写，即建设用地，"FL" 为 Farmland 缩写，即耕地景观，"F" 为 Forest 缩写，即林地景观，"N" 为 Naked 缩写，即未利用地。

怀集县							
转移类型	1992—1996年		1996—2002年		2002—2007年		2007—2012年	
	排序	特定贡献率	排序	特定贡献率	排序	特定贡献率	排序	特定贡献率
FL→N	4	3.6%			8	0.3%		
N→B	5	1.2%	6	1.3%	6	2.6%	6	0.8%
FL→F	6	0.9%	4	2.2%	7	1.8%	7	0.6%
F→B	7	0.5%	5	1.8%	4	3.9%	3	6.6%
F→FL	8	0.5%	7	1.2%	5	2.6%	5	3.8%
合计		97.6%		94.2%		97.2%		97.3%

新兴县							
转移类型	1992—1996年		1996—2002年		2002—2007年		2007—2012年	
	排序	特定贡献率	排序	特定贡献率	排序	特定贡献率	排序	特定贡献率
FL→N	1	18.3%	3	10.2%	6	8.8%	6	5.3%
N→F	2	13.6%	6	6.6%	3	13.7%	4	7.5%
FL→B	3	11.0%	4	9.2%	5	8.9%	3	8.3%
F→N	4	11.0%	1	27.7%	1	22.1%	1	44.8%
F→FL	5	7.7%	2	10.3%	2	16.8%	8	4.3%
FL→F	6	7.3%	5	8.9%	4	10.4%	5	6.0%
F→B	7	6.2%	7	5.9%	7	3.5%	2	12.8%
N→B	8	5.7%	8	4.1%	8	3.3%	7	4.6%
合计		80.9%		83.0%		87.4%		93.7%

来源: 作者整理。

由表 3-2 可知，粤西北部地区县域景观格局中主导的 8 个特定优势景观组分转移中，主要集中于第一产业内部景观的转化和人工景观的转入。在第一产业内景观组分特定转化中，林地景观与未利用地的相互转化，以及耕地景观与林地景观的相互转化是最为主导的；而在人工景观的转入景观组分特定转化中，头两个阶段建设用地的转入来源主要是耕地景观，而在后两个阶段，林地的转入排名不断提升。

3.3 县域景观格局变化的结果：时间点上的静态对比

第 3.2 节已对粤西北部县域景观格局变化过程中的景观要素组成

变化进行了深入分析，本小节将对本研究时段中 4 个时间段的景观变化导致的 5 个时间点的景观格局进行研究，揭示粤西北部地区县域景观格局变化的整体趋势与方向。

3.3.1 县域景观格局中的组分百分比变化分析

景观格局中景观要素的组成和构型构成了它的基本特点，景观要素组成即景观组成百分比，是指景观格局的要素类型以及类型在景观中所占的比例[100]。景观组分百分比是各个时间点县域景观变化形成的格局中的重要部分，是某一类景观占整个景观的面积的百分比，是确定景观中基质和优势景观的依据之一，也是决定景观中的生物多样性、优势种和数量等生态系统指标的重要因素。对代表县域各类景观要素的各时间点上组分百分比数据的整理如图 3-2 所示。

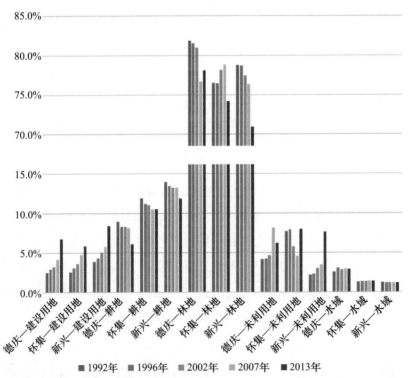

图 3-2　粤西北部县域不同时期景观组分百分比
来源：作者整理。

由图 3-2 可见，粤西北部县域景观格局中各类型景观的百分比变化中，林地景观组分虽然呈波动下降的趋势，但在百分比占有率中始终最大——占全域的七成以上，是县域范围内绝对的基质类型景观；其次是逐步下降耕地景观和呈持续上升态势的建设用地。这两类景观在景观组分百分比上的剪刀差式变化趋势，大有建设用地最终超过耕地景观的趋势。3 个县域中的德庆县建设用地的增加在最后一个阶段中超过了耕地景观，成为继林地景观之外影响力最大的景观组分；未利用地和水域景观组分百分比则分别呈持续波动和稳定状态。上述分析结果反映了县域在发展的过程中人类活动对景观格局干预的不断增大，县域景观呈现出愈加人工化的特点。

3.3.2　基于景观组分百分比的县域土地利用程度变化

一个区域的土地利用程度反映了该区域内人类活动与自然因素对景观格局所产生的综合性效应。在众多广为人知的与土地利用程度相关的指数、指标中，如垦殖指数、城镇化指数等都仅从某一个侧面反映了土地利用程度。

刘纪远等提出的土地利用程度方法，将土地利用程度按照土地自然综合体在社会因素影响下的自然平衡保持状态分为 4 级（表 3-3），按分级赋予指数，通过积分方程计算一定区域内的土地利用程度。该方法使用一定区域内不同土地利用方式的权重，即景观组分百分比进行数学综合，形成一个在 1~4 之间连续分布的 Weaver 指数 [101] 乘以100，来计算该区域内的综合土地利用程度。具体计算公式如式（3-5）:

$$L_a=100\sum_{i=1}^{n}A_i\times C_i$$
$$L_a\in100,400 \tag{3-5}$$

来源：　　　　刘纪远《西藏自治区土地利用》。式中，L_a= 土地利用程度综合指数；
　　　　　　　A_i= 第 i 级的土地利用程度分级指数；C_i= 第 i 级土地利用程度分级面积百分比；
　　　　　　　n 为土地利用程度分级数。

表 3-3　土地利用程度分级赋值表

类型	未利用地级	土地自然再生利用级	土地人为再生利用级	土地非再生利用级
土地利用类型	未利用地或难利用地	林地、草地、水域	耕地	城镇、居民点用地、交通用地

续表

类型	未利用地级	土地自然再生利用级	土地人为再生利用级	土地非再生利用级
分级指数	1	2	3	4

来源：刘纪远《西藏自治区土地利用》。[103]

基于图 3-2 中粤西北部县域景观的组分百分比，根据式（3-5）对粤西北部 3 个代表县域 5 个时间点的土地利用程度综合指数分别进行计算，并将计算结果列入图 3-3 中。由此可见，粤西北部县域的土地利用程度综合指数在 1992—2012 年整体呈现上升的趋势并可以分为两种情况：德庆县和怀集县的土地利用程度综合指数在整个研究时段内都较新兴县更低，但变化的幅度范围较大；新兴县的土地利用程度综合指数在所有时间段都较另外两个县域更为稳定，每段时间内的变化幅度不超过 1，但指数的初始水平较其他两县域高出 10 左右。

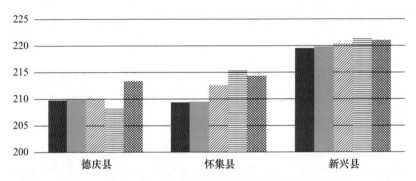

图 3-3　德庆、怀集、新兴县不同时期土地利用程度综合指数变化
来源：作者整理。

由粤西北部县域的土地利用程度综合指数来看，县域的土地利用程度综合指数在整个研究时段内的波动范围为 208~221。庄大方与刘纪远在《中国土地利用程度的区域分异模型研究》中分析得出，1995 年左右的 17 个县进行土地利用程度与长江河口距离、县域平均海拔的相关性研究[101] 中，最为接近粤西北部代表县水平（208~221）的是位于四川省的宁南县（227），而宁南县的人均 GDP 水平低于粤西北部的代表县域。由此可推断，一方面，粤西北部县域土地利用程度

的潜力还较大；另一方面，所研究区域受地形制约，可利用的土地资源相对有限。

3.3.3 基于景观组分百分比的县域景观生态恢复力变化

增强对景观的人工干预有利于提高景观的供给服务价值，但会减弱调节和支持服务功能。[130] 生态恢复力的评价与静态的景观组分百分比研究有着紧密和直接的联系。基于本研究获得的景观组分百分比数据，以下借鉴刘明华等对景观生态恢复力的评价方法对粤西北部县域景观的生态恢复力进行评价[109]。

刘明华根据不同景观类型对于生态恢复的贡献和作用分别赋予不同级别的生态恢复力值（表3-4），并以区域内景观组分百分比进行数学综合，得出一个概括性的指标来反映区域的景观生态恢复力[109]。区域景观生态恢复力的具体计算公式如式（3-6）：

$$R_a = \sum_{i=1}^{n} S_i \times P_i$$
$$R_a \in 0,1 \tag{3-6}$$

来源：《RS 和 GIS 支持下的秦皇岛地区生态系统健康评价》[109]。式中，R_a= 区域景观生态恢复力；S_i= 第 i 种景观类型的生态恢复力赋值；P_i= 第 i 级景观组占有的百分比；n 为景观类型数。

表 3–4　各类型景观生态恢复力赋值表

景观类型	恢复力	特征
林地景观	1	指对维持生态系统恢复力有决定意义的地物类型。林地和水域是在维持区域的稳定性和保持区域的调节能方面有极其重要作用的生态类型。
水域景观	0.9	
耕地景观	0.5	这种生态类型对维持生态系统恢复力有重要作用，对人类社会系统提供重要的物质和活动场所，如果利用不好，则容易导致生态恢复力下降。
建设用地	0.3	
未利用地	0	这种生态类型对区域生态系统恢复力的贡献相对很小。

来源：《RS 和 GIS 支持下的秦皇岛地区生态系统健康评价》[109]，并根据本研究的景观分类进行轻微的调整。

基于表3-4中的赋值和表2-1中的粤西北部县域景观组分百分比，通过式（3-6）对粤西北部县域景观格局的景观生态恢复力计算结果如图3-4所示，可见粤西北部县域景观生态恢复力整体

呈不断波动下降的趋势。其中，德庆县与怀集县的下降幅度约为
0.03~0.05，在 20 年间的变化相对较为稳定，县域景观在发展背景
下的变化仍然保持较好的恢复生态结构和生态功能的能力；而新兴
县的这一指标则在研究时段内呈现出较大幅度下降，整整下降了近
0.08，其中第四阶段大幅下降了 0.05。从景观生态恢复力的评价结
果来看，粤西北部县域格局仍具有较强的生态恢复力，但存在加速
下降的风险。

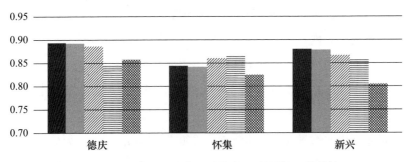

图 3-4　德庆、怀集、新兴县景观生态恢复力变化
来源：作者整理。

3.3.4　县域景观格局变化分析——基于景观格局指数方法

　　景观格局指数法是对粤西北部县域各个时间点上的景观格局进行
研究的有效方法。本部分将首先选取适合的景观格局指数和最佳尺度
后，针对粤西北地区县域的各类景观要素和整体的格局变化特征进行
探讨。

3.3.4.1　景观格局指数选择，最佳尺度选择，及景观格局指数计算结果

　　（1）景观格局指数选取

　　根据过往对景观格局指数的研究，本研究选取景观格局指数遵循
的原则有优先选择更能兼顾可操作性和说服力的指标，能够在比较研
究中反映差异的指标，并避免选择过多描述重复信息特征的指数。基
于 Ritters[131]、李秀珍[132]、布仁仓等[17]、O'Neil[99] 等人的研究，本

研究在景观类型和景观整体水平上确定的各类指数见表3-5。

表3-5 本研究选择的景观格局指数

类型	景观格局指数	类型水平	景观水平
面积指数	斑块密度（PD）	√	√
	面积加权平均斑块面积（AREA_AM）	√	√
	最大斑块指数（LPI）	√	—
形状指数	面积加权平均分维数（FRAC_AM）	√	√
破碎化指数	边缘密度（ED）	√	√
	分离度（DIVISION）	—	√
多样性指数	香农多样性指数（SHDI）	—	√
	香农均匀度指数（SHEI）	—	√
空间构型指数	蔓延度（CONTAG）	—	√
	聚合度（AI）	√	√

来源：作者整理。表中"√"表示在类型或景观水平上选择某项指数，"—"表示这项景观格局指数无法在类型水平进行使用。

（2）最佳景观格局尺度选择

尺度依赖性是景观格局研究的核心内容之一[130]。尺度指的是对景观格局研究时采用的空间和时间单位[97]，此处特指空间上的单位。由于本研究对景观格局中使用栅格数据作为景观格局分析的数据源（即图2-1中各个时间点上的景观识别结果图），这将造成"可塑性单元问题"，即景观格局指数的计算结果随尺度定义的变化而变化[133]，因此须选取合适的景观粒度[16]。

通过ArcGIS 10.2将图2-1中各县域5个时间点的景观识别结果图转化为栅格图像，并通过重采样工具对各县域的各时间点景观识别结果图进行重采样，将原始栅格数据的粒度分别调整为30m、40m、50m、60m、70m、80m、90m、100m、110m、120m、130m、140m、150m，栅格数据转化形成的ASCII文件输入景观格局指数计算软件Fragstats 4.2进行计算，得到各县域每个粒度下5期的景观格局指数。对各代表县各粒度5期的指数计算结果进行平均值计算，并展开以下分析。

在使用的景观格局指数中，指数随粒度变化而稳定变化的粒度区间，即两个拐点间的区域，被称为粒度域，在这个粒度域的范围内选择粒度，能够更好地反映景观格局特征[133]。在具体分析中，德庆县指数相对稳定的粒度域为 90~120m，怀集县指数相对稳定的粒度域为 100~120m，新兴县指数相对稳定的粒度域为 90~110m。为使粤西北部地区县域的景观格局指数在研究中便于横向比较，故选择100m 为最佳景观格局分析粒度。

（3）最佳景观粒度（100m）上的指数计算结果

基于最佳景观粒度研究的结果，将最佳景观粒度——100m 粒度上的粤西北部地区县域类型水平和景观水平的景观格局指数通过Fragstats 4.2 软件进行计算。将县域内 5 类型景观格局指数计算的结果整理后见表 3-6。

表 3-6　100m 粒度上的粤西北部地区县域各类景观的格局指数计算结果

类型-地区-年份	PD	AREA_AM	LPI	ED	FRAC_AM	AI
B- 德庆 -1992	0.979	20.77	0.125	7.24	1.074	28.63
B- 德庆 -1996	1.061	42.19	0.210	8.08	1.085	32.14
B- 德庆 -2002	1.060	75.29	0.323	8.53	1.095	35.19
B- 德庆 -2007	1.395	111.14	0.470	10.91	1.095	34.79
B- 德庆 -2012	2.113	113.44	0.574	17.27	1.097	35.86
B- 怀集 -1992	0.601	27.30	0.066	7.20	1.126	31.41
B- 怀集 -1996	0.670	44.01	0.124	8.16	1.131	34.65
B- 怀集 -2002	0.713	85.45	0.225	9.09	1.142	38.17
B- 怀集 -2007	0.855	131.15	0.321	11.32	1.152	41.02
B- 怀集 -2012	1.039	241.42	0.545	13.51	1.160	43.03
B- 新兴 -1992	1.406	34.44	0.255	12.00	1.096	30.71
B- 新兴 -1996	1.529	49.38	0.330	13.67	1.106	32.45
B- 新兴 -2002	1.619	82.19	0.473	15.18	1.118	34.15
B- 新兴 -2007	1.981	240.11	1.099	20.41	1.138	38.99
B- 新兴 -2012	1.334	25.88	0.211	11.06	1.088	29.05
FL- 德庆 -1992	2.045	447.97	1.330	19.26	1.147	46.41
FL- 德庆 -1996	1.724	294.14	0.859	17.46	1.148	47.52
FL- 德庆 -2002	1.728	457.69	1.306	17.60	1.153	47.35
FL- 德庆 -2007	1.856	239.70	0.804	17.86	1.138	45.25
FL- 德庆 -2012	1.603	91.36	0.341	14.22	1.113	41.70

类型 – 地区 –年份	PD	AREA_AM	LPI	ED	FRAC_AM	AI
FL– 怀集 –1992	0.212	12682.83	6.624	10.67	1.264	77.81
FL– 怀集 –1996	0.213	9541.51	5.539	11.02	1.260	75.68
FL– 怀集 –2002	0.290	9781.25	5.615	11.31	1.257	74.67
FL– 怀集 –2007	0.277	8439.71	5.069	11.51	1.258	72.80
FL– 怀集 –2012	0.564	7760.52	4.866	12.97	1.253	69.40
FL– 新兴 –1992	0.634	1049.27	1.493	18.95	1.241	64.86
FL– 新兴 –1996	0.747	972.45	1.358	19.86	1.241	62.77
FL– 新兴 –2002	1.113	804.40	1.669	21.97	1.230	58.58
FL– 新兴 –2007	0.632	705.70	1.124	18.47	1.231	61.35
FL– 新兴 –2012	0.620	910.94	1.364	18.56	1.230	66.93
F– 德庆 –1992	0.111	147949.00	80.750	25.71	1.322	92.04
F– 德庆 –1996	0.093	146357.57	80.157	25.03	1.319	92.22
F– 德庆 –2002	0.085	145479.91	79.638	25.32	1.321	92.08
F– 德庆 –2007	0.141	136892.25	75.191	31.22	1.341	89.71
F– 德庆 –2012	0.093	140702.38	76.924	31.15	1.343	89.92
F– 怀集 –1992	0.095	249241.07	75.716	20.93	1.325	92.97
F– 怀集 –1996	0.084	247777.94	75.469	21.50	1.328	92.78
F– 怀集 –2002	0.107	245208.23	75.899	18.64	1.311	93.84
F– 怀集 –2007	0.062	247026.17	76.495	17.84	1.307	94.14
F– 怀集 –2012	0.103	198210.90	66.397	24.61	1.326	91.50
F– 新兴 –1992	0.223	71950.99	62.454	18.46	1.250	93.89
F– 新兴 –1996	0.265	69251.88	60.723	20.61	1.258	93.09
F– 新兴 –2002	0.317	68370.25	59.951	22.61	1.268	92.34
F– 新兴 –2007	0.331	61336.63	54.726	27.45	1.288	90.06
F– 新兴 –2012	0.238	72008.14	62.495	18.75	1.251	93.80
N– 德庆 –1992	1.634	12.55	0.073	12.07	1.067	27.89
N– 德庆 –1996	1.784	8.23	0.036	12.47	1.057	27.04
N– 德庆 –2002	2.062	5.96	0.041	14.12	1.053	24.12
N– 德庆 –2007	2.348	20.69	0.094	20.76	1.083	35.91
N– 德庆 –2012	2.638	13.09	0.077	18.53	1.064	25.64
N– 怀集 –1992	1.911	43.15	0.190	18.30	1.099	40.37
N– 怀集 –1996	2.089	38.28	0.157	19.49	1.098	38.04
N– 怀集 –2002	1.487	19.61	0.066	14.12	1.085	38.59

类型－地区－年份	PD	AREA_AM	LPI	ED	FRAC_AM	AI
N－怀集－2007	1.302	28.59	0.095	11.33	1.084	37.53
N－怀集－2012	1.901	42.19	0.118	18.44	1.097	41.98
N－新兴－1992	1.189	4.07	0.019	7.54	1.048	18.37
N－新兴－1996	1.524	4.99	0.049	9.82	1.049	20.30
N－新兴－2002	1.528	6.72	0.037	10.51	1.057	23.90
N－新兴－2007	2.880	8.70	0.058	22.93	1.075	25.33
N－新兴－2012	1.215	3.30	0.017	7.26	1.041	16.77
W－德庆－1992	0.142	2399.50	1.806	2.44	1.218	71.26
W－德庆－1996	0.349	2275.74	1.912	3.75	1.202	64.78
W－德庆－2002	0.290	2375.09	1.898	3.30	1.206	66.65
W－德庆－2007	0.323	2298.88	1.911	3.60	1.204	65.61
W－德庆－2012	0.301	2320.92	1.905	3.48	1.206	66.15
W－怀集－1992	0.194	59.40	0.069	3.14	1.146	41.19
W－怀集－1996	0.193	59.94	0.069	3.13	1.145	41.79
W－怀集－2002	0.194	67.28	0.070	3.15	1.145	43.03
W－怀集－2007	0.194	68.07	0.074	3.18	1.145	43.45
W－怀集－2012	0.196	72.54	0.074	3.18	1.145	44.68
W－新兴－1992	0.115	108.75	0.226	2.33	1.147	52.79
W－新兴－1996	0.119	109.13	0.226	2.32	1.147	52.81
W－新兴－2002	0.120	110.15	0.226	2.28	1.146	53.07
W－新兴－2007	0.125	106.25	0.226	2.30	1.143	52.11
W－新兴－2012	0.113	118.71	0.226	2.35	1.151	52.71

来源：作者整理自 Fragstats4.2 的计算结果，首列中的字母 B、FL、F、N、W 分别为 Built-up、Farmland、Forest、Naked、Water 的简写，分别代表建设用地、耕地景观、林地景观、未利用地、水域景观。表头 PD 为斑块密度，AREA_AM 为面积加权平均斑块面积，LPI 为最大斑块指数，ED 为边缘密度，FRAC_AM 为面积加权平均分维数，AI 为聚合度指数。

对粤西北部地区县域 100m 粒度上景观水平的指数计算，同样通过软件 Fragstats 4.2，对 3 个代表县域 5 个时间点的县域景观格局进行计算，计算结果整理后见表 3-7，作为后文中对县域景观格局评价的基础数据。

表 3-7　100m 粒度上粤西北部县域景观水平格局指数计算结果

年份	PD	AREA_AM	FRAC_AM	ED	SHDI	SHEI	AI	CONTAG	DIVISION
				德庆					
1992 年	4.9	121166.6	1.287	33.36	0.70	0.43	83.2	62.4	0.35
1996 年	5.0	119390.8	1.283	33.40	0.72	0.45	83.1	61.5	0.36
2002 年	5.2	117869.3	1.284	34.43	0.73	0.46	82.6	60.7	0.37
2007 年	6.1	105068.8	1.289	42.17	0.85	0.53	78.8	54.0	0.43
2012 年	6.7	109946.3	1.291	42.33	0.82	0.51	78.7	54.9	0.41
				怀集					
1992 年	3.0	192268.7	1.293	30.11	0.81	0.50	84.8	60.4	0.42
1996 年	3.2	190594.6	1.293	31.65	0.82	0.51	84.1	59.6	0.43
2002 年	2.8	192836.8	1.283	28.16	0.78	0.48	85.8	61.7	0.42
2007 年	2.7	195676.8	1.282	27.58	0.77	0.48	86.1	62.2	0.41
2012 年	3.8	147963.8	1.287	36.35	0.89	0.55	81.7	55.0	0.56
				新兴					
1992 年	3.5	56879.5	1.236	28.99	0.73	0.45	85.4	62.9	0.60
1996 年	3.6	56829.1	1.236	29.64	0.73	0.46	85.0	62.4	0.60
2002 年	4.2	53749.8	1.240	33.14	0.78	0.48	83.3	59.6	0.62
2007 年	4.7	52353.6	1.246	36.28	0.81	0.50	81.7	57.5	0.63
2012 年	5.9	43593.0	1.251	45.78	0.95	0.59	77.0	49.5	0.69

来源：作者整理自 Fragstats4.2 的计算结果。

3.3.4.2　粤西北部县域五类景观的格局指数变化分析

借助表 3-6 中景观类型水平层面选取的 6 项景观格局指数，对粤西北部县域景观格局中的 5 类景观分别进行面积、形状、边界和聚集程度上的分析。

（1）建设用地景观格局分析

通过各县建设用地的斑块密度（PD）和面积加权平均斑块面积（AREA_AM）的整体增加趋势可见，随着时间的推移，其地位不断上升，如怀集县和新兴县的建设用地最终仅次于林地景观；从最大斑块指数（LPI）来看，建设用地是 5 类景观中唯一呈持续增长的类型，反映出县域建设用地斑块向外的扩张程度以及与其他斑块间的连通度提升；在斑块形状的相关指数中，面积加权平均分维数（FRAC_AM）和边缘密度（ED）呈现波动和持续上升，说明建设用地的形状复杂程度相对其他景观而言较高；建设用地的聚合度指数（AI）呈波动上升的趋势，根据此前提到的建设用地具有低转出、高转入的特点，说明不断的转入使得其整体在空间上越来越集中。由上述分析可知，建设用地在县域景观格局中的影响力不断提升，开始的分散状态逐渐转变为越来越集中化，破碎度降低，连通性不断提升，斑块的形状普遍越来越复杂，异质性增强。

（2）耕地景观格局分析

各代表县域耕地景观的斑块密度（PD）呈现分异：怀集县呈现出明显的增大趋势则表明明显的破碎化，而德庆县和新兴县则呈现出先上升后下降的情况；面积加权平均斑块面积（AREA_AM）则都呈持续下降的趋势，后两个阶段尤为明显；最大斑块指数（LPI）呈现出持续降低的趋势，德庆县与新兴县分别明显下降了约 1/2 和约 1/3，而怀集县仅下降约 1/11；面积加权平均分维数（FRAC_AM）呈先上升后下降的趋势，表明耕地斑块的形状经历了复杂化后简单化的过程，一定程度上反映了机械化种植程度提升促使耕地斑块形状简单化的普遍关系；边缘密度（ED）指数变化情况各异，如德庆县呈波动下降、怀集县呈波动上升、新兴县呈持续上升后在最后阶段下降；聚合度指数（AI）呈波动下降的趋势。由此可见，耕地景观在景观格局中的影响力不断降低，最为明显的变化是其地位被建设用地全面超越。由于其在大部分时间段内高转出、高转入的特点，使得耕地景观格局的变化比建设用地更为复杂，如在县域景观格局中由集中趋向于分散、破碎度加强、连通性不断降低、斑块的形状愈发趋向于简单化、异质性降低。

（3）林地景观格局分析

各代表县域林地景观的斑块密度（PD）都呈轻微上升趋势，横向比较则相对稳定；由于其在县域景观内的主导地位，面积加权平均斑块面积（AREA_AM）呈持续缩小的趋势，是变化幅度最大的景观类型；同时，最大斑块指数（LPI）变化趋势呈大幅度波动下降趋势；对于面积加权平均分维数（FRAC_AM），德庆县和怀集县两县域的该数值呈小幅波动下降，而新兴县的该数值则呈波动上升的趋势；各代表县域的边缘密度（ED）都呈波动上升的趋势，可见建设用地扩张过程中的形状复杂化趋势也使林地景观的边界曲折、迂回；林地景观是格局中的基质型景观，虽然其聚合度要明显高于其他景观，其数值基本都保持在 90 以上（该指数上限为 100），但各代表县域林地景观聚合度都呈轻微下降的趋势，说明县域景观格局中的基质型景观整体由集中趋向于分散。通过上述分析可知，粤西北部县域林地景观在景观格局中的影响力虽然有轻微下降，但仍然处于绝对的主导地位。总体而言，林地景观的异质性有所提高，由集中趋向于分散，呈现一定的破碎化；林地景观的连通性轻微降低；林地景观的斑块在形状变化上则存在不同的情况，林业的采伐、种植活动和次生林生长主导的林地景观变化过程中，林地的斑块形状变化波动较大，斑块形状整体呈简单化趋势。

（4）未利用地景观格局分析

未利用地的斑块密度（PD）在前 3 个时间段的变化随机性较强，但在第四阶段，代表县域的未利用地斑块密度的数值在这一阶段接近翻倍；最大斑块指数（LPI）整体上都呈波动上升的趋势，其中又都体现出前两个阶段波动下降而后两个阶段波动上升的趋势；面积加权平均分维数（FRAC_AM），在前两个阶段中呈下降的趋势，而在后两个阶段中呈上升趋势，说明未利用地形状在前后两个阶段中分别呈现简单化和复杂化的趋势；边缘密度（ED）在研究时段内都大体呈波动上升的趋势，且波动幅度较大；聚合度指数（AI）指数呈现分异，德庆县域的未利用地呈波动下降的趋势，而怀集和新兴两县域则呈波动上升的趋势，横向比较下未利用地的聚合度始终处于下游，表明其分散的布局状况。根据以上分析可发现，人为活动的影响导致未利用地在县域景观中出现得越来越频繁。虽然在景观组分百分比上，未利用地处于中游水平，但由于其布局分散的特征，过渡性景观维持时间短、功能性弱的特点，导致其在县域景观格局中的影响力始终较弱。

（5）水域景观格局分析

水域景观的各项指数因县域范围内是否有江面而有所不同：德庆是代表县中唯一有较大面积江面的县域，因此水域景观的格局指数随江面的时节性变化而变化。斑块密度（PD）方面，德庆的斑块密度呈小幅度上升，而新兴和怀集则持续保持稳定；各县域的面积加权平均斑块面积（AREA_AM）都呈一定上升后波动下降的趋势，其中德庆变化幅度相对较大；最大斑块指数（LPI）变化趋势方面，德庆水域景观波动，而怀集和新兴相对稳定；面积加权平均分维数（FRAC_AM）与最大斑块指数的变化趋势相近，代表县域分别呈先增大后减小、轻微下降、基本稳定的趋势；边缘密度（ED）相对较为稳定，横向比较中始终排于五类景观的末位；聚合度指数（AI）都较为稳定，变化幅度较小。根据上述分析可知，水域景观的各项景观格局指数的变化较其他景观都更小，较其他类型的景观也都更为稳定，分散—集中趋势、破碎度、连通性、形状和异质性等方面的相对变化不大。

（6）各类景观在格局上的总体对比

将上述对粤西北部县域景观格局中各类景观的格局指数分析，以及各类景观的格局特点归纳为表3-8。

表 3-8 各类景观的格局特点对比

景观类型	破碎度	分散—集中	连通性	形状	异质性
建设用地	降低	集中化	增强	复杂化	增强
耕地景观	增强	分散化	降低	简单化	降低
林地景观	增强	分散化	降低	复杂化	增强
未利用地	增强	分散化	降低	复杂化	增强
水域景观	持续较弱	持续集中	持续较强	持续简单	稳定

来源：作者整理。

根据表 3-8 中对代表县各类景观在研究时间段内在格局中变化特点的归纳，可以发现 5 类景观中建设用地在景观格局中地位的增强是全方位的，具体包括破碎度降低、空间分布集中化、连通性增强、异质性增强，形状在持续的人类高强度干扰下复杂化。

在建设用地强势的主导变化下，耕地景观和林地景观两类直接或间接受建设用地的间接影响，在景观格局中都呈现破碎化、布局分散化、连通性降低的变化趋势。其中耕地景观在形状上越发简单化，在格局中变化更为剧烈。始终是县域范围内基质景观类型的林地景观由于其自身基数大，加上受地形等方面影响，人类活动更频繁地集中于边缘，因而导致了形状的复杂化，其格局变化较之耕地景观更小，异质性有一定的增强。未利用地由于自身临时性的状态特征，本身就有着破碎度高、布局分散、连通性差的特点，在研究时段内随着县域景观受人类干扰的影响增大，其在景观格局中的破碎度加剧，分布、连通性愈加分散和降低，形状复杂化。水域景观虽一直是县域景观中占比最小的景观类型，但其在景观格局中的分布状况、连通性等都保持相对稳定。

3.3.4.3 粤西北部县域整体景观格局指数变化分析

根据 Fragstats 4.2 软件的计算，粤西北部县域整体景观格局指数计算结果见表 3-7。对选择的 9 项县域整体景观格局指数分为 3 大方面进行分析：基础性景观格局的分析，包括面积、边界以及形状上的分析，对应的景观格局指数是斑块密度（PD）、面积加权平均斑块面积（AREA_AM）、边缘密度（ED）和面积加权平均分维数（FRAC_

AM）；景观异质性的分析，包括香农多样性指数（SHDI）和香农均匀度指数（SHEI）；景观空间构型的分析，包括聚合度指数（AI）、蔓延度（CONTAG）和分离度（DIVISION）这 3 项指数的分析。

（1）基础性景观格局指数

基础性相关的景观格局指数主要为此前对各类景观类型分别进行过分析的斑块密度（PD）、面积加权平均斑块面积（AREA_AM）、边缘密度（ED）和面积加权平均分维数（FRAC_AM）指数。研究中主要比较各粤西北部县域间整体景观格局在面积、斑块数、边缘和形状方面的变化程度。

由图 3-5 可知，研究时段内，粤西北部县域范围内的斑块密度（PD）都呈波动上升趋势；3 个县域中，以德庆县斑块密度的上升幅度最大，其次是新兴县，而怀集县则在 2002 年、2007 年出现下滑，最终在第四阶段大幅度上升，使 2012 年的斑块密度比研究时段初期呈相对较小幅度的上升。从粤西北部县域的斑块密度来看，呈波动上升趋势的过程中，第四阶段破碎度的增大程度相对最为明显。

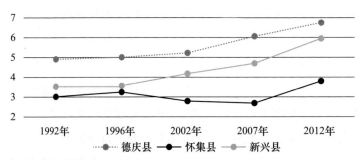

图 3-5　粤西北部县域斑块密度变化
来源：作者整理。

如图 3-6 所示，粤西北部县域的面积加权平均斑块面积（AREA_AM）的波动区间呈较大差异，由大到小依次为怀集县、德庆县和新兴县。这一顺序与县域面积的排序相一致，由于面积加权平均的计算方法受到县域范围内大面积斑块的影响，粤西北部的 3 个县域都为山区县，意味着这一指数的计算受到山区林地大型斑块的影响，因而得到这一指数的排序。粤西北部县域面积加权平均斑块面积在研究时间内都呈波动下降的趋势；相对而言，怀集县是在研究时段内下降幅度最大的代表县，其次为新兴县，最小变化幅度为德庆县。粤西北部县域这一指数发生最大变化的时间段主要在第四阶段。

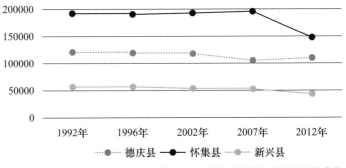

图 3-6 粤西北部县域面积加权平均斑块面积变化
来源：作者整理。

如图 3-7 所示，粤西北部县域的边缘密度（ED）都呈波动上升的趋势。3 个县域的边界密度在研究时段内的开始时都呈相接近，但在研究时段末期，新兴县是上升幅度最大的代表县，其次为德庆县，而怀集县在 2002 年和 2007 年出现下降，在研究时段末年较 1992 年呈较大幅度的上升趋势。

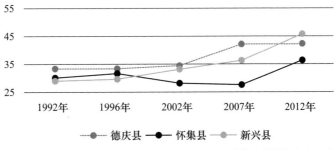

图 3-7 粤西北部县域边缘密度变化
来源：作者整理。

如图 3-8 所示，代表县的面积加权平均分维数（FRAC_AM）在研究时段内呈现各自不同的状况：德庆县与怀集县在数值上相近，都在 1.282~1.293 间波动，德庆县呈小幅度的波动上升趋势，说明斑块形状普遍呈现复杂化的趋势，而怀集县则呈小幅度波动下降的趋势；新兴县的这一指数在研究阶段内则明显低于其他两个县域，在第一阶段后持续保持上升的趋势，说明新兴县的斑块形状趋于明显的复杂化。整体而言，粤西北部县域范围内的斑块形状整体呈现较高的复杂化状态，或者由简单的状态趋向于复杂化。

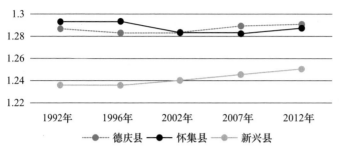

图 3-8　粤西北部县域面积加权平均分维数
来源：作者整理。

由以上 3 个代表县在四项基础性的景观格局指数横向比较可见，各代表县在 1992—2012 年间的景观格局变化剧烈程度由大到小分别为新兴县、德庆县和怀集县，其中德庆县和新兴县景观格局的变化程度要远大于怀集县。在区位上，怀集县是 3 个代表县中离珠三角核心经济区相对最远的区域，在高速公路建成前，其地理区位优势难以与新兴县和德庆县相比。

（2）景观多样性指数

由表 3-7 可见，两项景观异质性主要相关的景观格局指数——香农多样性指数（SHDI）和香农均匀度指数（SHEI），将粤西北部县域在研究时段内的这两项指数变化分别整理后如图 3-9 和图 3-10 所示，对粤西北部县域景观的多样性进行分析。

景观多样性的生态学意义主要表现在于对生物多样性的影响，两者之间大多数呈正态分布的相关性，意味着景观多样性可能会增加生物多样性，也可能降低生物多样性。景观均匀度指数则侧重表现各景观单元的分布均匀程度[134]。由图 3-9 和图 3-10 可知，1992—2012 年间粤西北部县域的香农多样性指数、香农均匀度都呈波动上升的趋势。这表明，一方面粤西北部县域景观整体的多样性增加，景观类型的分布越来越均匀，另一方面也反映出县域景观格局中的优势度在减少，单一的优势景观类型对整体景观的控制作用不断减弱。这主要由县域范围内的基质，即林地景观在研究时段内的波动下降导致，另外，人类活动范围的不断扩大和干扰，导致建设用地、未利用地、耕地景观的出现范围不断扩大，使得景观组分的分布越发均匀，形成"林地景观—建设用地"这种自然—人工相互交错的景观分布态势，其他景观更多呈补丁状而散布于县域范围内。

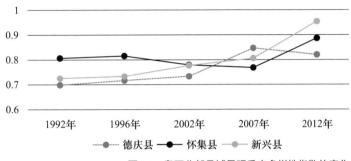

图 3-9　粤西北部县域景观香农多样性指数的变化
来源：作者整理。

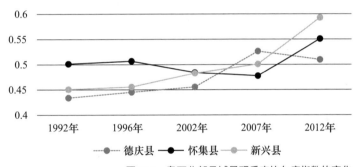

图 3-10　粤西北部县域景观香农均匀度指数的变化
来源：作者整理。

因此，研究时段内，粤西北部代表县域景观的斑块分布均匀程度增大，景观异质性增加，而丰富度和复杂程度也随之加大。

（3）景观空间构型指数

由表 3-7 可见，3 项景观空间构型主要相关的景观格局指数，即聚合度指数（AI）、蔓延度（CONTAG）和分离度（DIVISION），将粤西北部县域在研究时段内的这几项指数变化分别整理后如图 3-11~ 图 3-13 所示，对粤西北部县域景观格局的整体空间构型进行分析。

聚合度指数是各景观类型边界在不同景观类型间的分配关系为基础建立的指标[40]，是景观自然连通性的测度。聚合度越高说明景观斑块的聚集更加紧密[135,136]。由图 3-11 可见，研究时段内，粤西北部县域景观格局的聚合度呈波动下降趋势，综合此前对斑块密度和面积加权平均斑块面积的分析，县域景观格局的这两项指数分别呈上升和下降趋势，反映了各代表县的景观破碎化程度加剧，景观类型的分布由研究初期的相对集中趋向分散交错分布。这种变化不利于景观单元间能量、物质和营养成分的流动，影响着景观格局的稳定性，同类景观中的相互连接性减弱，完整性降低。

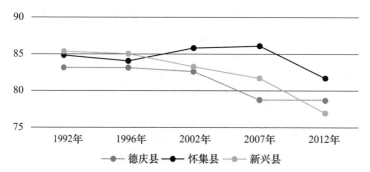

图 3-11　粤西北部县域景观聚合度指数变化
来源：作者整理。

蔓延度（CONTAG）是描述景观里不同板块类型的团聚程度或延展趋势[40]。蔓延度测值越大则说明景观由少数团聚的大斑块组成；相反，则景观多由小斑块所构成。由图 3-12 可见，德庆县、怀集县和新兴县的蔓延度都呈波动下降的趋势，说明原本在县域景观内的林地优势景观逐渐向连接性差的半自然景观和人工景观演变，表明县域范围内不同类型的景观团聚程度不断削弱，景观镶嵌性呈增强趋势，结合异质性分析中的香农均匀度指数变化，各类斑块变得更为均匀地散布在整体景观中。

分离度（DIVISION）是从景观中随机选择两个像元且不在同一类景观的概率，这一测值越高说明景观的破碎度越高，同类景观之间的关系越分离。由图 3-13 可见，粤西北部县域景观格局的分离度在1992—2012 年间都呈上升趋势，结合此前的斑块密度等指数的变化，景观格局的破碎化程度在整体上呈加速趋势，且分布越加离散，个别斑块呈零星、散落状，不利于景观功能的整体发挥。

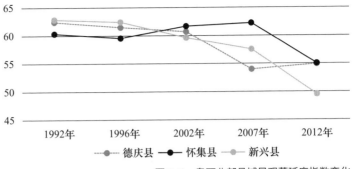

图 3-12　粤西北部县域景观蔓延度指数变化
来源：作者整理。

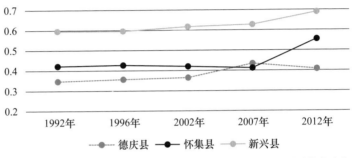

图 3-13　粤西北部县域景观分离度指数变化
来源：作者整理。

（4）代表县景观水平格局变化分析小结

根据多方面景观格局指数分析，粤西北部县域景观的斑块分布均匀程度增大，多样性增强，异质性提高，破碎度也随之增大，使景观的丰富程度和复杂程度加大。景观类型的分布由集中趋向分散交错分布，连接性的降低导致能量流、物质流受阻增大，物种赖以生存和繁衍的自然生境萎缩，这将直接影响到物种的繁殖、扩散、迁移和保护[40]，对县域范围内的生态系统稳定性不利。

虽然县域景观格局呈现的高异质性的特征对于干扰和扩散产生更大的阻力，将有利于缓解农业灾害、气象灾害等的扩散对景观功能的威胁，但从县域景观格局整体的生态功能来看，研究时段开始时的优势景观即林地景观，以及半人工景观即耕地景观对景观整体的控制能力大幅度下降，其中尤其不利于格局中作为基质的林地景观的作用的发挥，因而 20 年来的变化趋势一定程度上危及了县域范围内的生态环境平衡，这样的趋势更有可能引起生态系统功能的退化，导致生态环境的恶化以及生态安全的风险增加。

3.4　本章小结

本章主要对粤西北部地区县域景观格局变化进行深入研究，其中包括景观组成变化研究、景观格局指数等方面的研究。主要结论有以下几方面。

（1）对于景观格局变化过程中的景观组成变化的研究。借助景观变化速度、修正概率转移法等方法可知：建设用地通过高转入、低转出的贡献率变化，呈"U"形的变化速度，是县域景观格局中最为稳定增长的景观要素类型；耕地景观经过了低转入、高转出到高转入、高转出的阶段，变化速度呈倒"U"形，地位不断降低；林地景观和未利用地景观都呈现最高转入和最高转出的状态，两者的景观组成呈不断波动变化的状态，而林地景观作为基质类景观，呈波动下降的趋势，未利用地较低的景观组分百分比则展现出它自身的临时性和过渡性特征；水域景观则是县域景观格局中最为稳定的景观要素类型；整体上县域景观格局的组成变化受人类活动的干扰影响而加剧，各类型景观要素间的变化呈现出自然景观向半自然景观转变，而两者又都向人工景观波动加速转变的变化趋势。

（2）对于景观格局变化的结果的研究：使用选取适于本研究的景观格局指数在最佳粒度（100m/像素）上，对粤西北部地区县域景观格局变化的各时间点上的静态结果进行评价，发现县域景观格局在研究时段内呈现出多样性增强、均匀度增大、异质性大幅度提高、破碎度增强的趋势，景观格局的复杂程度大幅度增加，各类景观类型由集中趋向分散。

对粤西北部地区县域的景观格局变化过程中，如耕地景观的转入、转出贡献率变化，修正概率法下的景观组分定向转移等的分析，已经一定程度上直接反映出了人类以发展为目的的活动对景观格局造成的影响。在下一章中将对县域发展与景观格局变化的非线性关系进行探讨。

4 县域发展对景观格局变化的影响

根据第 2 章中景观格局变化与发展的关联建构，将景观格局变化系统下的要素与发展系统下的要素相互联系是在上一章对景观格局变化分解研究之后的第二个步骤。这一步骤旨在建立景观格局变化与发展之间的非线性相关，为下一步骤中的景观驱动力分析做出铺垫。

上一章对粤西北部地区景观格局变化的研究是对景观格局系统的详细分解研究。为了探讨发展对景观格局的影响，本章首先通过可持续生计方法框架，以多个层面的统计数据，分析粤西北部地区县域所处的全国和广东省发展背景，在多尺度的对比研究中发掘粤西北部县域的多方面发展要素在研究时段内的变化特点，并对第 1 章中选取的 3 个代表县域的发展状况和特点进行深入分析；其次，以粤西北部县域发展的各方面要素对县域景观格局变化中所表现的共性和特性进行相互的联系；最后，在可持续发展评估工具的框架下对县域发展中的景观格局变化的总体模式进行归纳。

4.1 粤西北部县域发展评估和分析

粤西北部县域发展离不开作为其背景的全国城乡发展状况。一方面，粤西北部县域反映全国城乡的发展状况，另一方面，在全国的发展背景中更能凸显粤西北部县域发展的特点。因此，在对粤西北部县域发展的评估和分析中，首先对粤西北部县域发展所处的城乡发展背景进行分析，其次对粤西北部县域发展进行评估，最后对本研究选择的具有代表性的县域进行深入分析。

4.1.1 粤西北部地区县域所处的城乡发展背景

粤西北部县域的发展离不开全国城乡发展的背景，通过适宜于多尺度的可持续生计方法对改革开放以来的全国宏观背景进行一定的分析，在更宏观的时空尺度背景下研究，有助于发现粤西北部县域所处的城乡发展背景中的共性以及自身的特性。基于可持续生计框架的组成（图2-4），主要对中国城乡宏观发展中的人力资本、自然资本、农村生计策略以及脆弱性背景进行分析。

（1）宏观人力资本背景分析

政策对于宏观人力资本的变化主要表现在几个重要阶段：1992年开始试行蓝印户口政策，随后几年中各地政府将这一政策的落地，使得城乡二元户籍制度开始松动，农村的人口增长幅度较此前开始缩小；城乡人口之间的流动彻底放开，使得农村人口的增长在1996年开始由正变负，且负增长幅度不断加大，最终在2010年城镇人口超过农村人口（图4-1）。

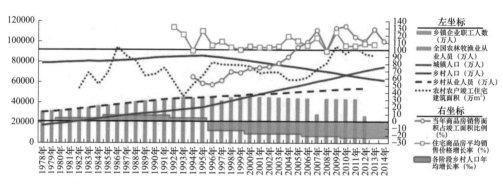

图4-1 中国城乡人力资本变化及住房建设变化
来源：高海峰《改革开放以来中国农村生计分析》。[96]

（2）宏观自然资本背景分析

耕地在 SLA 框架中属于自然资本[93]。耕地作为第一产业的最主要资本，是经济与环境之间的重要杠杆性指标，故以耕地面积作为自然资本的代表指标。由图4-2可见，国家同时提倡耕地增加和保护政策，但在2000年以后，对耕地的保护性政策和法律不断加强和增多，对耕地的约束加强。根据图4-3中世界银行对我国耕地进行分析的连续、同一口径的统计数据来看，耕地减少的首要原因可归咎于采用的城镇化策略导致的建成区面积增加而侵占耕地（图4-3中建成区年均增长面积）；其次，根据赵晓丽等人的研究，"退耕还林、换草"的政策也在耕地减少的过程中起着重要的影响[137]（图4-3中右坐标）。

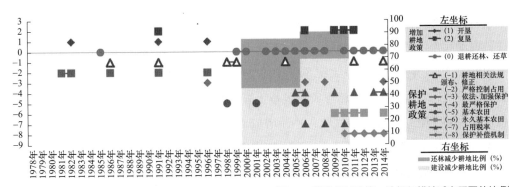

图 4-2　耕地相关政策、法规与耕地减少原因的比例
来源：高海峰《改革开放以来中国农村生计分析》。[96]

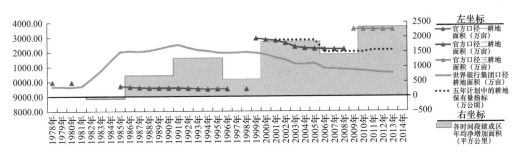

图 4-3　耕地面积和年均建成区面积及五年计划耕地保留面积目标
来源：高海峰《改革开放以来中国农村生计分析》。[96]

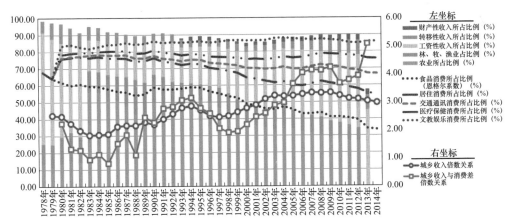

图 4-4　农村生计策略与生计产出反哺分析
来源：高海峰《改革开放以来中国农村生计分析》。[96]

（3）全国农民生计策略背景分析

在生计策略的研究中，通过对农民的收入构成以及乡镇企业的发展过程和脆弱性背景中的经济危机等重要事件的研究，发现农民的生计策略分为几个阶段：在实现家庭联产承包制后，农民的积极性被调动起来，主要的生计策略是第一产业（即农林牧渔业；图 4-4 中 1983—1985 年）；随着 20 世纪 80 年代和 90 年代乡镇企业的两次腾飞式发展，农民在生计策略上实现了基于第一产业基础的多样化，就近在乡镇企业打工的工资性收入不断增加（图 4-5 中 1986—1996 年），图 4-1 中的第一产业从业人口和乡镇企业职工数的加和基本与乡村从业人员数接近，说明这段时间农民在生计策略上实现了"离土不离乡"；而在 1997—1998 年全球金融危机打击下，图 4-1 中的乡镇企业职工数大幅度下跌，加上户籍人口制度的放开（图 4-1 中乡村人口增长的由正转负），农民到大城市打工的生计策略，使自身工资性收入所占比例不断增加，如图 4-4 所示，第一产业最终被副业化（图 4-4 中 2008 年左右工资性收入占有比例超过第一产业收入）。

（4）全国农民生计反哺背景分析

城乡居民的收入与消费之差的倍数关系可看作农村居民生计循环中金融资本反哺的指标。图 4-4 中，以城乡居民的收入与消费之差的倍数关系来与城乡收入的倍数关系共同进行比较研究。由图 4-4 可见，在本研究的研究时段之前，城乡之间在收入和金融资本反哺的差距上相对较小，金融资本反哺甚至在 20 世纪 80 年代还出现过农村超过城市的情况，而随着城乡二元制度的瓦解，农民生计策略转向进城打工，使得两项城乡倍数指标都有缩小的趋势，但始终由于进城务工人员自身素质和身份所限，以及外在的城市消费文化的影响，两项倍数指标在 2000 年以后持续升高。虽然在 2010 年开始城乡居民收入倍数开始缩小，但金融资本积累的倍数关系仍然在增大，反映了"半城镇化"农民在金融资本的反哺上要远落后于城镇居民的状况。

另外，从图 4-4 所示的农村居民消费构成中发现，虽然恩格尔系数（食品消费所占比）的持续降低反映出农村生活水平的提高，但由于缺乏生计反哺的渠道，导致居住消费——主要为建造农宅的支出，成为食品消费之外持续最高的部分，因此形成了图 4-2 中农村一波又一波、与乡村人口增长不符合的建房潮（图 4-1 中农户竣工住宅面积）。

（5）农村脆弱性背景分析

在农村生计的脆弱性背景的分析中，高海峰等通过比较既有数据支撑的自然灾害冲击、经济危机、人口趋势、政策趋势、价格周期因素等方面的分析，认为在国家对"三农"问题的重视程度不断增加、对"三农"投资不断加大的背景下，农村脆弱性背景中的大部分方面脆弱性因素都在减弱，唯独城镇化过程中不断加快减少的人口趋势脆弱性对农村有着极大的影响。

高海峰等人在对中国农村人口趋势的脆弱性分析中指出，除了劳动年龄段人口的流失之外，农村人口中少年儿童组人口的减少趋势造成了农村在以下4个方面的脆弱性增强，即未来发展动力更为缺乏、乡土文化传承困难、农村社会资本转型放缓、公共产品投入回报率低；农村的老龄化问题不断加剧的趋势使农村发展活力下降，以及所需的养老公共产品供应不足问题，共同导致了当下劳动力的回流困难，加重了农村的脆弱性。因此，中国农村人口趋势带来的脆弱性不仅仅只在于劳动力人口，少年儿童组人口和老年组人口都增强了农村的脆弱性，影响着农村发展的可持续性。[117]

（6）全国城乡生计分析背景在本研究时间段中的主要特点梳理

按照本研究的研究时间段划分，将全国农村宏观生计分析中的人力资本、自然资本、生计策略、生计反哺、脆弱性背景的主要内容对应4个时间阶段的划分，将重要的政策、事件等按本研究时间的四个阶段划分整理列入表4-1中，作为粤西北部县域生计分析的宏观背景。

表4-1　研究时段中各阶段的重要事件

SLA框架中部分	具体内容	第一阶段	第二阶段	第三阶段	第四阶段
人力资本	人口政策	蓝印户口试行，城乡户籍制度仍占主导	大城市路线开始，持续的大规模城镇化		
自然资本	耕地保护相关政策和法律	开垦与保护	加强保护	加强保护，"退耕还林"实施重点时期	加强保护，"退耕还林"巩固

SLA框架中部分	具体内容	第一阶段	第二阶段	第三阶段	第四阶段
生计策略	乡镇企业	乡镇企业腾飞，离土不离乡	乡镇企业后劲明显不足		
生计反哺	农民消费	持续缺乏生计反哺渠道			
脆弱性背景—冲击	金融危机	—	1997—1998年全球金融危机，乡镇企业受到严重打击	—	2008年全球金融危机
脆弱性背景—趋势	人口趋势	—	随着农村人口的加速减少趋势，脆弱性明显增强		

来源：作者整理。

4.1.2　粤西北部地区县域发展评估

4.1.2.1　县域发展评估方法

对粤西北部各县区进行生计分析，是根据第2章中遥感影像状况进行时间分段，基于多项统计数据为基础，以全国和广东省的同期同项数据作为参照。分析主要集中在图4-1可持续生计方法框架的右侧循环，即人力资本、自然资本、生计策略与生计产出之间的封闭循环关系。

对框架中的人力资本、自然资本、生计策略与生计产出这些部分选取的代表性指标如下：（1）生计资本中的人力资本以城镇化水平相关指标为代表，户籍人口和城乡常住人口反映了城乡间人力资源的分配状况；（2）自然资本以耕地面积为代表，耕地是经济与环境之间的重要杠杆性指标；（3）生计策略以第一产业在GDP中的占比代表，GDP的占比反映了地区GDP来源，即地区生产活动最终成果的获得途径，第一产业在GDP中的占有率反映着县区经济中的非农化情况，间接体现了工业化水平和第三产业水平；生计产出以人均GDP增长率和农民收入增长率为代表，人均GDP增长率既反映增长量又反映增长效率，而人均GDP指标并不能代表财富在城乡间的流向，故以农民收入增长率来评价经济增长是否带动了农村居民的增收。

选取上述代表性指标，以粤西北部地区十余个县、市辖区、县级市与广东、全国的水平进行比较，对区域的整体特点和丰富性同时进行解析。见表 4-2~ 表 4-8，SLA 框架下选取的代表性指标进行横向（研究范围内的县、区间）与纵向（国、省、县）的比较，并按本研究的研究时段划分进行排序。

表 4-2~ 表 4-8 中，由上至下为粤西北部的县、市辖区、县级市与广东、全国的各时间段的数据排序，各县、市辖区、县级市以名称为代表，而全国、广东全省分别带有 * 和 ** 的数据为代表。①

表 4-2 生计产出：各阶段人均生产总增长率比较②

序号	第一阶段	第二阶段	第三阶段	第四阶段
1	高要市	德庆县	四会市	四会市
2	德庆县	高要市	肇庆市区	新兴县
3	云浮市区	肇庆市区	云浮市区	怀集县
4	罗定市	四会市	12.61%**	德庆县
5	四会市	新兴县	新兴县	广宁县
6	肇庆市区	怀集县	德庆县	高要市
7	广宁县	广宁县	云安县	云安县
8	怀集县	封开县	郁南县	封开县
9	郁南县	7.71%**	高要市	郁南县
10	封开县	7.58%*	罗定市	罗定市
11	16.38%**	郁南县	9.98%*	9.62%*
12	新兴县	罗定市	广宁县	8.65%**
13	11.78%*	云安县	怀集县	云浮市区
14		云浮市区	封开县	肇庆市区

来源：高海峰《促进城乡统筹发展的县域经济多样化生计策略研究》。[138]

表 4-3 生计策略比较：各阶段末年第一产业占 GDP 比例保持率比较③

序号	第一阶段	第二阶段	第三阶段	第四阶段
1	怀集县	怀集县	封开县	郁南县
2	新兴县	云安县	怀集县	封开县

① 1996 年开始云安县从云城区分出设县，故各表中第一阶段比较中无云安县；表 4-2 和表 4-3 中的"肇庆市区"包括"端州区"和"鼎湖区"，"云浮市区"指"云城区"。

② 计算方法为以时间段内历年人均生产总值总增长率做由高至低排序。

③ 计算方法为以阶段内末年第一产业所占 GDP 比例由高至低排序。

续表

序号	第一阶段	第二阶段	第三阶段	第四阶段
3	封开县	郁南县	罗定市	怀集县
4	郁南县	封开县	高要市	罗定市
5	广宁县	广宁县	云安县	新兴县
6	罗定市	新兴县	广宁县	云安县
7	德庆县	罗定市	郁南县	广宁县
8	四会市	高要市	德庆县	德庆县
9	云浮市区	德庆县	新兴县	高要市
10	高要市	四会市	四会市	四会市
11	19.66%*	云浮市区	云浮市区	9.53%*
12	14.57%**	14.06%*	10.71%*	云浮市区
13	肇庆市区	肇庆市区	5.76%**	4.99%**
14		8.21%**	肇庆市区	肇庆市区

来源：高海峰《促进城乡统筹发展的县域经济多样化生计策略研究》。[138]

表4-4　自然资本比较：各阶段耕地保持率比较①

序号	第一阶段	第二阶段	第三阶段	第四阶段
1	广宁县	德庆县	云安县	云安县
2	封开县	封开县	郁南县	怀集县
3	怀集县	怀集县	云城区	四会市
4	新兴县	广宁县	鼎湖区	封开县
5	95.76%*	高要市	新兴县	97.44%*
6	罗定市	罗定市	封开县	云城区
7	云城区	新兴县	端州区	广宁县
8	郁南县	97.07%*	广宁县	90.76%**
9	92.24%**	96.21%**	德庆县	罗定市
10	四会市	云安县	怀集县	高要市
11	高要市	郁南县	罗定市	新兴县
12	德庆县	鼎湖区	高要市	郁南县
13	鼎湖区	端州区	96.7%*	鼎湖区
14	端州区	四会市	94.3%**	德庆县
15		云城区	四会市	端州区

来源：高海峰《促进城乡统筹发展的县域经济多样化生计策略研究》。[138]

---

① 第一和第二阶段耕地保持率分别为1995年数据占1991年数据的百分比、2001年数据占1995年数据的百分比，由于2006年开始广东省省及各县区统计口径变更，故第三、四阶段耕地保持率分别取2005年数据占2001年底数据的百分比、2012年数据占2006年数据的百分比，各阶段排序为耕地保持率由高至低。

表4-5　城乡间产出分配比较：各阶段内农民纯收入增长率比较①

序号	第一阶段	第二阶段	第三阶段	第四阶段
1	高要市	新兴县	144.9%*	德庆县
2	怀集县	郁南县	129.9%**	四会市
3	德庆县	端州区	德庆县	鼎湖区
4	封开县	罗定市	云城区	高要市
5	四会市	高要市	云安县	怀集县
6	广宁县	云城区	新兴县	云安县
7	罗定市	封开县	郁南县	端州区
8	端州区	德庆县	罗定市	新兴县
9	206.4%**	鼎湖区	四会市	191.2%*
10	201.2%*	122.9%*	端州区	云城区
11	鼎湖区	云安县	高要市	187.5%**
12	云城区	四会市	鼎湖区	郁南县
13	郁南县	118.4%**	怀集县	罗定市
14	新兴县	怀集县	封开县	封开县
15		广宁县	广宁县	广宁县

来源：高海峰《促进城乡统筹发展的县域经济多样化生计策略研究》。[138]

表4-6　城乡间产出分配比较：粤西北部地区城乡收入倍数变化②

	1992年	1997年	2002年	2007年	2012年
肇庆市	2.12	1.78	1.85	2.41	2.10
云浮市		2.27	1.92	2.25	1.99

来源：高海峰《促进城乡统筹发展的县域经济多样化生计策略研究》。[138]

表4-7　人力资本比较：各阶段户籍人口中非农人口比例增加比较③

序号	第一阶段	第二阶段	第三阶段	第四阶段
1	云城区	云城区	鼎湖区	高新区
2	罗定市	四会市	高新区	四会市
3	鼎湖区	1.63%**	云城区	罗定市
4	新兴县	高新区	19.95%**	高要市
5	广宁县	罗定市	端州区	0.61%**
6	封开县	德庆县	新兴县	端州区

①　计算方法为阶段内首年数据／阶段内末年数据×100%，由高至低排序。

②　由于云浮市辖区范围内各区县1992年仍属肇庆管辖，故1992年无云浮市统计。

③　由于2012年数据缺失，各阶段非农人口比例增加为1995年与1991年比例之差、2001年与1995年之差、2006年与2001年之差，2011年与2006年之差，排序为差值由大到小。

序号	第一阶段	第二阶段	第三阶段	第四阶段
7	高要市	鼎湖区	德庆县	鼎湖区
8	5.71%**	端州区	四会市	云城区
9	郁南县	新兴县	罗定市	德庆县
10	怀集县	广宁县	云安县	新兴县
11	四会市	怀集县	广宁县	怀集县
12	德庆县	郁南县	郁南县	封开县
13	端州区	云安县	封开县	郁南县
14		高要市	怀集县	云安县
15		封开县	高要市	广宁县

来源：高海峰《促进城乡统筹发展的县域经济多样化生计策略研究》。[138]

表 4-8　人力资本比较：2000 年以后常住人口中城镇居民比例比较

	肇庆市	云浮市	广东省	全国
2000 年城镇人口比例（%）	32.52	35.86	55.00	36.22
2007 年城镇人口比例（%）	40.37	36.39	63.14	45.89
2012 年城镇人口比例（%）	42.62	39.10	67.40	52.57
2000—2007 年均增加比例（%）	1.12	0.08	1.16	1.38
2007—2012 年均增加比例（%）	0.45	0.54	0.85	1.34

来源：高海峰《促进城乡统筹发展的县域经济多样化生计策略研究》。[138]

4.1.2.2　县域各时间阶段发展的特点

　　粤西北部县域与全国、广东全省在表 4-2 和表 4-8 中指标的对比中相对稳定，表 4-3 反映出生计产出无论相对于全国和广东省水平如何，第一产业始终在粤西北部县域经济中占有重要的地位。表 4-7 和表 4-8 则体现出粤西北部县域的城镇化速度始终较低，甚至在户籍人口的统计中出现大量逆城镇化的县域。这两方面特点始终贯穿粤西北部各县域的整个研究时段中。表 4-5 和 4-6 分别以农民纯收入的统计数据变化对粤西北部县域生计产出中的分配公平性和城乡差距进行分析。

　　根据表 4-1 中整理的各阶段宏观背景中的重要政策、事件，以及表 4-2~ 表 4-8 中选取的粤西北部县区生计评估指标的排序，对粤西北部县域 4 个阶段发展中的生计特点进行描述。

　　（1）乡镇企业带动下的自主蓬勃发展阶段

　　在第一阶段中，在乡镇企业腾飞的背景下（表 4-1），粤西北部地区绝大部分的县、县级市的生计产出都高于广东省乃至全国水平（表4-2）。县域内生计策略上第一产业较全国和广东省都更高的情况下（表4-3），加上乡镇企业的快速发展以及这一阶段未放开的户籍制度（表4-1），使县域内的人力资本呈现"离土不离乡"的状况，也使生计产出在城乡间的分配有利于农民收入的增长；大部分县域农民收入的增长率都高于全国、广东省以及市辖区（表4-5），粤西北部地区的城乡收入倍数关系呈缩小关系（表4-6）。自然资本方面，乡镇企业快速增长势必加快对耕地的占用，加上这一阶段政策、法规对耕地的保护力度还相对较小（表4-4），使得粤西北部县域的耕地的保持率平均水平在全国和广东省都下降较快的情况下，处于全国和广东省之间。

第一阶段中，在乡镇企业的带动下，县域人口实现"离土不离乡"，粤西北部县域通过人力资本的驻留、生计策略的多样化和自然资本的快速消耗，展现出蓬勃发展的状态。

（2）大城市路线开始后逐步被边缘化阶段

在第二和第三阶段，相较于全国和广东省，粤西北部县域的发展都呈现出下降的态势。第二阶段开始户籍制度的全面放开，"大城市路线"的人口政策使得粤西北部县域人口持续向珠三角地区转移，造成县域人力资本减弱（表4-1），县域乃至整个粤西北部地区的城镇化水平增长要远小于广东省和全国水平（表4-7和表4-8）；1997—1998年的金融危机对乡镇企业造成巨大打击（表4-1），加上乡镇企业也受自身的粗放发展模式制约[139]，乡镇企业从第二阶段开始表现出持续的后劲不足，这些原因共同导致了第二、第三阶段中，虽广东省的生计产出——人均GDP水平上升迅速且不断拉大与全国的距离，但粤西北部县域在排序中整体呈下降趋势（表4-2）。乡镇企业的没落，加上对耕地保护的持续加强，粤西北部县域的耕地保持率排序在第二、第三阶段中持续上升，然而广东省在第三阶段与粤西北部县域状况不同，广东省的耕地保持率却较第二阶段在数值上有更大幅度的下降，反映出第三阶段广东省远高于全国的生计产出是由于耕地快速减少的珠三角地区经济快速增长所带动的（表4-2与表4-4）。由于生计产出的下降，粤西北部县域农民收入增长的排序也随之下降（表4-5），这一阶段粤西北部地区的城乡收入倍数关系整体呈扩大趋势（表4-6）。

第二和第三阶段中，受大城市路线、金融危机对乡镇企业的打击以及政策和法律加强保护耕地的影响，粤西北部县域在发展上落后于广东省和全国，更是远落后于快速发展的珠三角地区。粤西北部县域虽保留了更多自然资本，但在人力资本缺乏、生计策略减少、自然资本的使用受限的状态下被不断边缘化。

（3）广东"双转移"政策刺激下展现出高效状态阶段

第四阶段中，由于受到广东省的《中共广东省委广东省人民政府关于推进产业转移和劳动力转移的决定》（后文简称"双转移"）[①]政策影响，粤西北部县域生计产出全部高于全国、广东省和市辖区（表4-2）。"双转移"政策中的一项转移是使珠三角地区大量劳动密集型产业向东西两翼和粤北山区的县域转移，在这些县域设立省级的大规模的产业转移园，即广东省工业化的产业空间布局向县域转移，促进经济的发展。

在政策安排产业转移背景下，县域自然资本中的耕地保持率的排名较第三阶段大幅度下降（表4-4），大部分县域的农民收入增长的排名都随着人均GDP的大幅度增长上升（表4-5），整个地区的城乡收入倍数关系呈缩小趋势（表4-6），城镇化增长水平依然明显低于广东省和全国（表4-7和表4-8）。

第四阶段中，粤西北部县域受SLA框架中结构和过程转变的影响，通过人力资本在城乡间的优化配置、自然资本的消耗，生计策略上将第二、第三产业的发展与第一产业的高比例保持相结合，实现了生计产出的效率高于广东和全国，以及城乡间财富分配相对公平的高效状态。

4.1.2.3 县域发展评估小结：起伏中由不平衡走向相对平衡

粤西北部地区县域发展经历了不同阶段的起伏。首先，在第一阶

---

① 《中共广东省委 广东省人民政府关于推进产业转移和劳动力转移的决定》（粤发[2008]4号）指出"推进产业转移和劳动力转移是优化产业结构、提升产业层次、增强产业竞争力的迫切需要"，并且"推进产业转移和劳动力转移是优化产业结构、提升产业层次、增强产业竞争力的迫切需要"，意味着该政策的目的之一就是缩小发展中的城乡"不平衡"和区域"不平衡"。

段，乡镇企业的兴盛推动了该地区县域的快速发展，缩小了与广东省发达地区的城乡收入差距。然而，第二和第三阶段因受国家大城市发展和耕地保护政策的影响，该地区逐步落后于珠三角等发达地区，城乡收入差距扩大。在第四阶段，通过承接珠三角工业实现工业化，粤西北部地区县域再次快速发展，与珠三角等地的发展差距减小，城乡收入差距也减少。总体来看，粤西北部地区县域发展经历了起伏，从不平衡走向相对平衡。

对比粤西北部地区县域发展中的生计特征与城乡发展背景，可归纳出以下3个特点。首先，从人力资本角度看，该区域的城镇化进程较为缓慢，城镇化速度远低于广东省甚至全国水平。从户籍人口看，甚至呈现逆城镇化趋势。其次，生计策略方面，稳定的第一产业和"双转移"政策带来的劳动密集型就业机会，引发了新一轮"离土不离乡"的趋势。最后，第一产业一直占据重要地位，即使在"双转移"政策推动的工业化进程中，仍然是主要支撑。此政策主要引入劳动密集型产业，为县域内的第一产业剩余劳动力提供了大量就业机会。

4.1.3 代表县域发展深入分析

在第 1 章中基于地形组成和研究时段内的经济增长速度，选取了德庆县、怀集县和新兴县 3 个县域作为粤西北部地区县域的代表县。在前一章中，已经揭示了 3 个代表县域在景观格局变化过程中的共性与特性。本章将在此前粤西北部地区县域发展共性的基础上，对代表县域发展与景观格局变化之间的关系进行探讨，并对 3 个代表县域的发展深入分析，为县域发展与景观格局变化的深入探讨进行铺垫。

4.1.3.1 粤西北部县域绝对人均 GDP 水平依然落后

分析粤西北部地区县域生计特征时，发现德庆县、怀集县和新兴县呈现不同特点：在第四阶段的生计产出，这 3 县明显高于全国和广东省，但这只是相对人均 GDP 的增速比较。为深入了解代表县的生计产出水平，将 1992 年、1997 年、2002 年、2007 年和 2012 年全

国、广东省以及 3 个代表县的人均 GDP 数据整理成图表，如图 4-5
所示，尽管其中的县人均 GDP 增速远高于全国和广东省，但从图
4-5 可以看出，与全国比较，只有少数县在 1992 年、1997 年和 2012
年接近或超越全国水平，该指标更是始终低于广东省的平均水平。尽
管代表县在个别时段内快速发展，但总体上仍相对落后于全国和广东
省。与周边发达的珠三角地区相比，粤西北部地区代表县的经济相对
较为贫困和滞后。与之前对粤西北部地区发展良好态势的分析相比，
代表县人均 GDP 的分析显示了山区县域在发展方面与快速城市化地
区之间的差距，体现了这些县域在发展道路上面临的挑战。

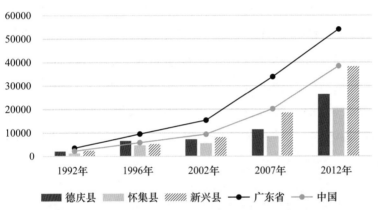

图 4-5　粤西北部地区代表县域与全国、广东省人均 GDP 水平比较
来源：作者整理自历年《广东统计年鉴》。

4.1.3.2　代表县域的总体生计策略

将德庆、怀集、新兴县的 GDP 构成统计数据整理后如图 4-6~
图 4-8 所示。根据 3 个代表县域 GDP 中各行业构成比例进行分析可
知：一是第二阶段至第三阶段中期，由于乡镇企业受到打击以及后
劲不足的缘故，工业在 GDP 中的占有比例呈持续下降的趋势；二
是虽然在上一节中表 4-3 中排序的分析认为第一产业仍然在 3 个代
表县域的生计策略重要地位，但由图 4-6~ 图 4-8 可见，代表县的
第一产业比例在研究时段内整体呈波动下降趋势，但各县域第一产
业在与全国和广东省的比较中，占比仍然非常高；三是根据怀集县
和新兴县的第一至第三阶段的前半阶段，以及德庆县的第二阶段后

半段和第三阶段前半段，第三产业所占比例不断扩大，说明各县都以第三产业作为经济主要推动力，而第三阶段的后半阶段和第四阶段，3 个代表县的第二产业中的工业所占比例扩大趋势明显，说明3 个县都在"双转移"政策的作用下，以工业发展作为第四阶段经济快速增长的主要推动力。

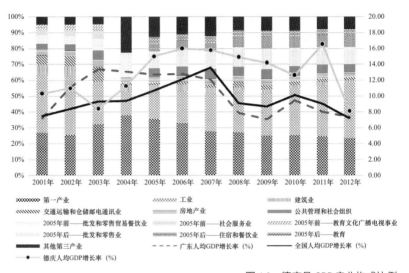

图 4-6　德庆县 GDP 产业构成比例
来源：整理自历年《肇庆市统计年鉴》《中国统计年鉴》《广东统计年鉴》。

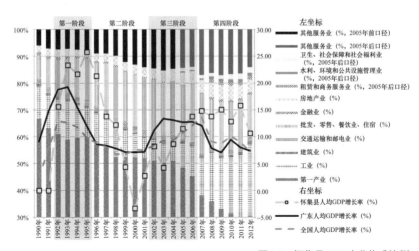

图 4-7　怀集县 GDP 产业构成比例
来源：高海峰《促进城乡统筹发展的县域经济多样化生计策略研究》。[138]

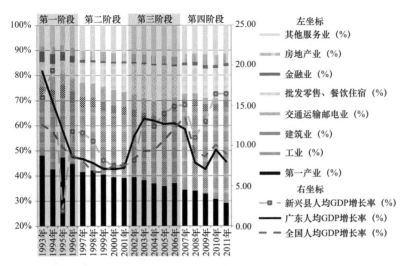

图 4-8　新兴县 GDP 产业构成比例

来源：高海峰《促进城乡统筹发展的县域经济多样化生计策略研究》。[138]

4.1.3.3　代表县域的第一产业与自然资本

虽然在 GDP 产业构成比例中，粤西北部地区代表县域的第一产业占比都呈波动且持续下降，但是根据德庆县、新兴县、怀集县的第一产业数据整理的第一产业构成比例如图 4-9~ 图 4-11 所示，3 个县第一产业的增长率在绝大部分年度中都高于广东与全国水平，说明两县在经济增长中虽不以第一产业为主导，但第一产业对 GDP 增长的贡献仍优于宏观层面。由图 4-9~ 图 4-11 可以发现，3 个代表县在第一产业的生计策略上存在的差异。

（1）德庆县——不依靠耕地的果林业推动农业地位提升

在图 4-9 中，除了第二阶段，德庆县的耕地保持率在其他阶段都是处于表中排序的下游，即使在超大幅度减少的趋势下，德庆县农业在第一产业中的地位在第三、第四阶段依然不断提升，在第四阶段末年的 2012 年甚至接近第一产业总产值的 70%，根据历年的德庆县政府工作报告以及学者对德庆县农业的研究[140]，德庆县的农业产值快速增长的主要原因是柑橘种植业的快速发展，而柑橘果林并不依赖于耕地的数目，因此即使耕地呈大幅度减少的态势，德庆县的农业依然在第一产业占据的主导地位不断加强。

（2）怀集县——依赖耕地的传统农业模式

怀集县被上级政府指定为"粮食主产区"，因此怀集县第一产业中的农业主导地位与德庆县不同，是较为传统的依赖于耕地的传统农业模式。基于政策和依赖于耕地的传统农业模式，图 4-10 中，怀集县与德庆县的耕地保持率也表现出完全不同的状况，怀集县的耕地保持率始终位于排序的中上游，是整个研究时间里耕地保持的最佳县域。

（3）新兴县——依靠本地国家级农牧企业的牧业绝对主导

新兴县的第一产业生计策略则与其他两代表县则完全不同，以牧业作为绝对的主导。新兴县是国家农牧业产业化重点龙头企业、国家级创新型企业广东温氏食品集团的发源地，也是广东温氏食品集团的总部和研发中心所在地，广东温氏食品集团在新兴县的经营活动推动了县域范围内的鸡、猪养殖业的快速发展，使新兴县的牧业在第一产业占据绝对主导的地位。因此，表 4-4 中，新兴县的耕地保持率在多数时段内都处于中下游。

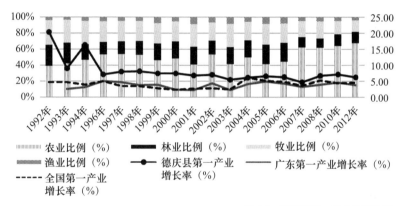

图 4-9　德庆县第一产业构成比例

来源：整理自历年《广东农村统计年鉴》。

注：1995 年、2011 年数据暂缺。

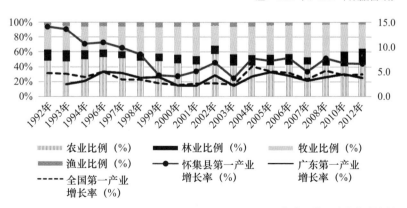

图 4-10　怀集县第一产业构成比例

来源：整理自历年《广东农村统计年鉴》。

注：1995 年、2011 年数据暂缺。

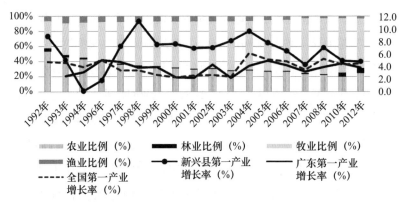

图 4-11　新兴县第一产业构成比例
来源：整理自历年《广东农村统计年鉴》。
注：1995 年、2011 年数据暂缺。

4.1.3.4　粤西北部地区代表县域生计特征小结

粤西北部地区的 3 个代表县域自身的发展水平参差不齐，较广东省和全国的平均水平而言仍然相对落后。代表县域的总体生计策略上，在第一阶段乡镇企业开始衰落后，工业在 GDP 中的产值占比呈持续下降趋势，生计策略上变得主要依靠第三产业中的旅游业，但生计产出持续落后于广东省和全国，直到第三阶段后期，工业出现反弹，第四阶段的"双转移"更是直接刺激了工业的增长，使人均 GDP 的增长速度远高于广东省和全国。代表县的第一产业 GDP 占比大幅度高于全国和广东省，但 3 个代表县域展现出完全不同的第一产业生计策略，不同的生计策略导致作为自然资本的耕地的保持率呈现出巨大的反差。

4.1.3.5　"双转移"政策前后的代表县域工业化

在粤西北部地区县域发展的特点研究中，将县域发展过程在研究时段中分为 3 个阶段，其中指出 2007—2012 年的工业化主要由广东省的"双转移"政策所引发，但实际上由图 4-6~ 图 4-8 中可发现，3 个代表县在第四阶段的工业快速增长都始于 2004 年、2005 年，即第三阶段的后半段时间，说明在"双转移"的相关政策出台前，粤西北部县域已经开始了一定程度的工业化。

高海峰等人对怀集县和新兴县两个粤西北部地区代表县 2000 年以后的工业构成比例和相关政策进行分析后得出结论，代表县通过"三元"驱动的 3 方面措施推动了工业化：第一元，扶持本地优秀工业企业做大做强，这部分工业产业持续占据工业总产值比例的 50%~60% 以上；第二元，促进第一产业上下游工业，两个代表县域的第一产业上下游工业分别保持着工业总产值约 1/3 和 1/4 的水平；第三元，积极接纳外来工业落户（图 4-12）。由文章中总结归纳的"三元"驱动策略可见，其中扶持本地工业企业做大做强是最主要的策略，说明工业化的生计策略在"双转移"政策前就已经开始对县域的经济乃至景观产生影响了。[138]

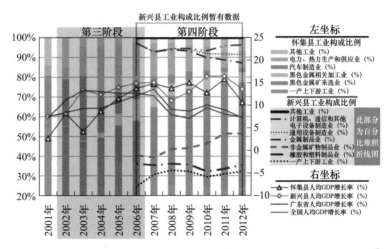

图 4-12　新兴县与怀集县工业总产值构成比例与人均 GDP 增长率①
来源：高海峰《促进城乡统筹发展的县域经济多样化生计策略研究》。[138]

4.1.3.6　代表县域生计产出中的城乡公平性

城乡差距的核心是收入的差距[141]，城乡居民的收入倍数关系反

---

① 新兴县的工业总产值构成比例分类中，第一产业上下游工业包括农副食品加工业、食品制造业、酒饮料和精制茶制造业、纺织业、纺织服装鞋帽制造业、木材加工和木竹藤棕草制品业、造纸和纸制品业、化学原料和化学制品制造业（基本为化肥和林产化工）、医药制造业（主要为兽用药品）、专用设备制造业（基本为饲料生产专用设备制造）；怀集县的工业总产值构成比例中，第一产业上下游工业包括木材及竹材采选业、农副食品加工业、食品制造业、酒饮料和精制茶制造业、纺织业、纺织服装鞋帽制造业、木材加工和木竹藤棕草制品业、家具制造业、化学原料和化学制品制造业（基本为林产化工），而黑色金属相关加工业包括黑色金属冶炼和压延加工业、金属制品业。

映了生计循环中城乡间的利益分配。由于代表县的城镇居民收入数据有限，故只能将怀集县和新兴县既有的部分数据整理为图 4-13 进行分析。

如图 4-13 所示，新兴县与怀集县的城乡收入倍数关系一直远低于全国及广东省的水平。从两县自身城乡收入倍数关系来看：新兴县暂时仅有第四阶段的部分数据，依据既有的少量数据，地区内城乡收入差距呈现缩小的趋势；怀集县在现有数据的第二、第三阶段范围内，城乡收入差距呈扩大趋势，在第四阶段开始后呈缩小的趋势，而在后期的 2011 年突然迅速扩大，但随后两年又呈迅速缩小的趋势。从仅有的数据来看，在"双转移"政策刺激下的第四阶段，粤西北部县域在经济高速增长的同时，城乡的收入差距整体呈缩小的趋势，公平性有所增强。

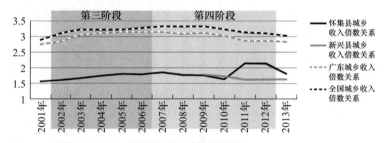

图 4-13　代表县与广东、全国城乡收入倍数关系比较
来源：高海峰《促进城乡统筹发展的县域经济多样化生计策略研究》。[138]

4.2　县域发展对景观格局变化的影响

基于可持续生计方法的框架下，粤西北部县域的发展过程中，县域景观格局中各类景观要素既是县域追求发展过程中的生计资本，又是县域发展造成的结果。因此，县域发展对景观格局变化产生着直接或间接的影响。经过上一小节对粤西北部地区县域发展的评估和描述，本节将通过县域发展的多方面特点对景观格局变化的影响进行分析。

4.2.1　建设用地——不同发展阶段特点的主导影响

建设用地是县域景观格局中最为主要的人工景观，根据上一章中的分析，建设用地是景观格局变化中控制力增加最大的景观类型，具有不断增长、高转入 / 低转入、异质性不断增强等多方面特点。

基于评估县域发展的可持续生计方法框架（图 2-4），在发展的过程中，建设用地是县域发展第二、第三产业过程中极其重要的物化生计资本，因此它受到发展过程中多方面因素的影响，而在众多影响因素中，最主要的是不同发展阶段特点对其的影响。下面对县域发展中的不同因素对建设用地在景观格局中的变化进行论述。

4.2.1.1　不同发展阶段对应的建设用地变化速度"U"形增长

第 3.2.1.3 小节中对县域景观格局中的建设用地变化速度在各个阶段的变化总结为"U"形增长，而在粤西北部地区的 3 个代表县域中又以怀集县和德庆县为代表（图 3-1）。这种"U"形增长，即先降低后升高的景观变化速度的趋势，与县域发展的不同阶段特征形成了对应。

在第一阶段中，粤西北部县域乡镇企业的崛起是建设用地变化趋势的主导原因，由于乡镇企业的发展，半自然和自然景观更多地向建设用地转入，尤其是作为自然景观的耕地景观，在第 3.2.1.6 小节中针对景观优势组分转移率研究中，3 个代表县域，耕地景观向建设用地定向转移的百分比要远大于林地景观向建设用地转移的百分比（表3-2）。因此，在第一阶段中建设用地主要通过耕地景观的转出来促进其较高速地增长。

在第二、第三阶段中，粤西北部县域由于城乡发展背景中的大城市路线开始以及乡镇企业受金融危机影响下一蹶不振，县域的发展走入了相对于珠三角等经济发展热点地区的边缘化阶段。由于发展中的被边缘化，使得县域景观格局中的建设用地景观的变化速度较第一阶段出现了明显回落（图 3-1）。

在第四阶段前，粤西北部县域发展过程已经逐步开始了自行的工业化路线（图 4-12），加上广东省的"双转移"政策刺激，工业化进程明显加速，导致建设用地景观变化速度出现了又一次大幅度提升。由于第四阶段是在粤西北部地区县域发展中自发开始工业化的基础上又受到广东省级政策的刺激，导致这一阶段的建设用地景观变化速度较第一阶段的快速增长还要快得多。

4.2.1.2 牧业主导的建设用地变化速度攀升

德庆县和怀集县在建设用地变化速度中表现出了"U"形的趋势；然而另一方面，同样作为粤西北部代表县域之一的新兴县，县域中的建设用地变化速度表现出持续上升的趋势。通过上一节中对粤西北部代表县域发展的深入分析可知，新兴县的第一产业与德庆县和怀集县不同，主要依赖由广东温氏食品集团引领下的牧业——鸡、猪养殖业，通过对新兴牧业的景观变化趋势分析，可知新兴县建设用地变化速度与其他两个县域不同，是由牧业在第一产业中的主导地位所导致。

作者通过对新兴县养殖业的实地调研发现，新兴县第一产业主导的鸡、猪养殖都是通过养殖屋舍增加养殖的密度从而扩大牧业的生产规模和效率，在扩大养殖屋舍的发展过程中，虽然也有发现使用传统废弃民居建设进行养殖或拆旧建新，由原本建设用地转变为建设用地，但更多时候牧业的扩大需要将非人工景观转化为建设用地。因此，牧业在新兴县第一产业中的主导使得即使在第二、第三阶段整个粤西北部地区被边缘化的阶段中，新兴县的建设用地变化速度仍表现出缓慢的增长趋势而非如其他两个代表县域般的"U"形增长趋势。

4.2.1.3 耕地保护政策下建设用地转入途径的变化

在研究时段内，粤西北部地区县域的建设用地逐渐通过不同类型的景观转入，从而增强了其控制能力。然而，根据第 3.2.1.6 小节中景观组分优势转移的分析，这种转入来源发生了变化，主要原因是国家耕地保护政策的实施。

从图 3-13 中可观察到，在初始阶段，建设用地主要来自耕地景观，随着时间推移，耕地景观向建设用地的转入逐渐减少，而林地景观向建设用地的转入逐渐增加。在研究时段的最后阶段，建设用地的主要转入来源变为林地景观。

本章第 4.1 节有关城乡发展背景的研究表明，耕地保护政策逐步完善，限制了建设用地对耕地景观的侵占。因此，建设用地的转入来源从主要是耕地景观转变为主要是林地景观，特别是在第四阶段，广东省实施产业转移政策时，由于耕地保护政策的限制，建设用地的扩张更多地来自林地景观。

此外，代表县域的政府文件明确提到了建设大规模、集中的产业转移园，由于耕地保护政策，这些园区往往会选址于林地景观范围内。因此，建设用地的转入受到这些特定优势转移的影响，其贡献率发生了反转。

4.2.2　耕地景观——第一产业与保护政策共同的主导影响

耕地景观是第一产业的生产资料，是县域发展过程中生计循环的重要自然生计资本，承担着生态系统服务功能中极其重要的生产功能。粤西北部县域多为山区县，县域范围内多为山地、丘陵地形，耕地景观主要集中于县域的平原地形中，因此在县域发展过程中，为了增加物化生计资本，即建设用地作为发展空间，在没有约束的情况下，县域发展偏向于将耕地景观转化为建设用地。然而，通过上一节对粤西北部县域发展的评估和论述，发现县域第一产业的构成和策略存在着较大的差异，且在国家层面不断加强对耕地的保护措施，可见耕地景观的变化在发展过程中受到多方面因素的约束。

前一章对粤西北部县域景观格局变化的分析中，耕地景观具有持续降低的景观组分百分比的特点，在持续减少的表面现象下，实际存在着高转出和高转入共同作用的相对动态平衡特点，从优势景观组分转移来看，其向建设用地的转换在不断缩小。接下来对粤西北部县域耕地景观的不同方面变化中受到县域发展的影响进行分析。

4.2.2.1　不同的第一产业特色对耕地景观的直接影响

在第 4.2.3.3 小节中，从统计数据的角度分析了代表县域的第一产业与自然资本，发现了不直接依靠耕地的德庆县（种植业中的果林业）和新兴县（牧业）在耕地的保持率方面较依赖于传统种植业的怀集县要更低，怀集县的耕地面积在最后一个阶段中基本持平（表4-4）。由第3章对耕地景观组分百分比和景观变化速度的分析来看（图3-2和图3-1），遥感影像识别所得到的结果与官方统计数据的变化趋势基本一致，即德庆县和新兴县的耕地景观减少幅度较大，而怀集县的耕地景观在研究时间初期呈减少趋势后，在最后阶段的"双转移"政策背景下仍基本保持平衡。由此可见，县域所主导的特色第一产业对于耕地景观有着极大和直接的影响。

4.2.2.2 耕地保护政策的加强对耕地景观转入贡献率的提高

耕地保护政策和法律属于中央计划型的政府管制模式[142]，具有强制力，会直接影响粤西北部地区县域景观格局中的耕地景观变化。城乡发展背景的研究中指出国家对耕地的保护政策和法律越来越全面，且约束不断加强，因此粤西北部县域在耕地数量上努力平衡，导致耕地景观的转入贡献率逐渐增加。

如图4-14所示，为经过整理的各县域耕地景观的转入贡献率，可见前3个阶段耕地景观的转入贡献率呈波动上升趋势；由此表明，各县域受国家保护耕地政策和法律的制约，努力保持耕地数量平衡。然而，在第四阶段新兴县和德庆县的耕地景观转入贡献率大幅下降，原因是广东省实施"双转移"政策后，产业转移工业园需要更多的建设用地，以实施工业化策略，而广东省的耕地保护指标主要由其他区域分摊，导致粤西北部地区县域无须过多受耕地保护政策影响。

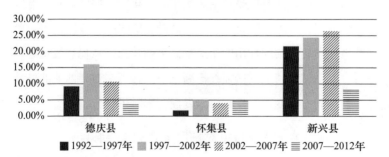

图4-14 粤西北部地区代表县域耕地景观转入贡献率
来源：作者整理。

4.2.2.3 耕地保护从指标到空间的变化对耕地景观转出贡献率的降低

在国家耕地保护政策和法律影响下，粤西北部地区县域努力提升耕地景观的转入贡献率，以保持动态平衡。然而，根据图4-3中所显示的耕地保护政策和法律整理，保护不仅仅限于数量，还落实到空间上。从1994年的《基本农田保护条例》到2008年中共十七届三中全会提出永久基本农田概念并强调，国家逐渐从单纯的数量保护转向具体空间保护。这也导致粤西北部地区县域耕地景观的转出贡献率不断降低（图4-15）。

在3个代表县域中，德庆县是唯一在第四阶段耕地景观转出贡献率大幅增长的县域。这源于德庆县较早获得省级示范产业转移园称号，从政府文件中可知该县获更多使用耕地景观的指标[①]。

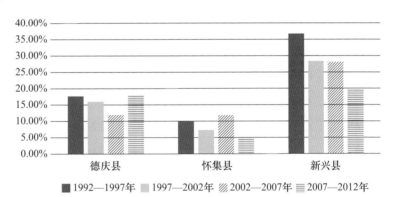

图4-15 粤西北部地区县域耕地景观转出贡献率
来源：作者整理自表3-2。

4.2.2.4 不同发展阶段对耕地景观变化速度的"∩"形间接影响

根据图4-2中整理的赵晓丽等人对我国耕地面积减少的原因研究可知，粤西北部地区县域在研究时段内，始终处于一个建设用地增加是耕地景观减少的重要原因的城乡发展背景中，因此耕地景观和建设

---

① 德庆县2010年政府工作报告中提出，"结合园区规划调整，加快将顺德龙江（德庆）产业转移园5000亩用地调整至涂料精细化工基地，全力竞争省级示范性产业转移园专项扶持资金。"

用地一样，在景观变化速度上都受到不同发展阶段特点的影响。然而，与建设用地不同的是，耕地景观变化受不同发展阶段特点影响的方式是相对间接的，原因是，耕地景观的变化是不同发展阶段表现出建设用地在不同的时间段中对耕地景观的转入状况不同所导致的，一定程度反映了耕地景观与建设用地增加过程中的景观变化速度"U"形变化趋势的互补，呈现"∩"形的景观变化速度。

4.2.2.5 第一产业现代化引发的耕地景观斑块形状简单化

第一产业的现代化一直是中央一号文件等"三农"政策文件中强调的重要方针，其中依赖耕地景观的种植业在实现现代化的过程中，更多的是通过提高机械化程度，即以机械替代人力，种植业机械化生产的技术发展过程导致耕地景观斑块形状的简单化。

由表3-6可见，粤西北部地区县域耕地景观的斑块形状描述指数，即面积加权平均分维数（FRAC_AM）呈下降趋势。这种斑块形状上的简单化一定程度上反映了机械化生产过程中引起的耕地景观斑块间的变化：由耕地斑块的面积加权平均斑块面积减少可知，耕地的各个斑块在不断被侵占进而面积缩小，在传统耕种方式为主的时间段内，其他景观类型对耕地的侵占，导致耕地斑块的形状复杂化，但随着耕种过程中机械化程度提高，耕地斑块的形状越简单越有利于提高生产的效率，导致耕地斑块形状的简单化趋势，以回应第一产业现代化所带来的影响。

4.2.3 林地景观——林业及其上下游工业的主导影响

林地景观是粤西北部地区县域景观格局中的基质类型景观。在本研究中，林地景观被赋予最高的生态价值（表3-4），具有重要的生态功能。除了林业生产功能外，林地景观还具有调节服务（如洪水和疾病控制）和支持服务（如养分循环维持生态环境）[3,16]等支撑作用。

在之前的研究中，粤西北部地区县域的林地景观组分百分比呈波动下降趋势，下降过程中林地景观显示出最高的转入和转出贡献率。在特定优势转移中，林地景观主要与未利用地、耕地之间出现双向转移，以及向建设用地的单向转移。以下将根据县域的发展情况分析林地景观在景观格局中的变化。

4.2.3.1　林业周期长、面积大特点导致的林地景观组分的波动变化

粤西北部地区县域的山地和丘陵地形为林业生产提供了有利条件，然而由于林业生长周期较长，因此带来的景观变化与遥感影像的周期并不完全吻合。林地被采伐后在遥感影像中呈现为未利用地，导致林地景观的百分比减少，而在下一个周期内，林木生长旺盛，导致林地景观的百分比增加，林业的周期造成景观格局中林地景观百分比的波动（图 3-2）。

通过分析粤西北部地区 3 个代表县域中林业在第一产业的占比与林地景观和未利用地景观相互转化的贡献率之间的关系，可以看出林业对林地景观的影响。如图 4-16 所示，德庆县和怀集县在研究时段内的林业占比都超过 9%，而新兴县仅在部分时段林业占比较低。根据林业在第一产业中的占比情况，图中左坐标表示 3 个县域林地景观和未利用地景观相互转化贡献率的总和，可见德庆县和怀集县的贡献率总和始终超过整体变化的 50%，而新兴县则低于 40%。然而，在第四阶段中，随着新兴县林业在第一产业中占比的大幅增加，贡献率总和上升至 52.3%，较前一阶段增加了近 20%。由此可见，林业的生产是林地景观在县域景观格局中发生变化的最主要原因。

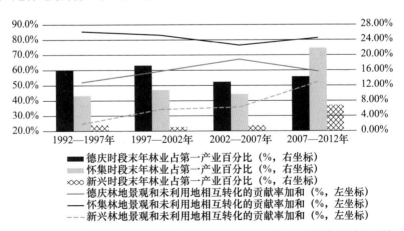

图 4-16　粤西北部县域林业造成的景观变化比例与第一产业中林业所占百分比
来源：作者整理。

4.2.3.2 县域速生林政策导致的林地景观组分变化速度增加

从图 3-1 中对林地景观组分变化速度的分析来看，粤西北部地区县域林地景观的变化速度的绝对值在呈波动不断增大的趋势。这与粤西北部县域提出的速生林种植政策有着直接的关系：在代表县域的第二、第三时间段的县级乃至市级政府政策文件中，多有提倡发展速生林[①]。作者通过向代表县政府及实地的调研和考察，发现粤西北部地区县域发展的速生林主要为速生桉树、速生杨树和泓森槐，而根据这些速生林从种植到可采伐用作木材的时长为 5~10 年不等，生长周期远远少于以往种植的十余年生长周期的林木，因此使得林地景观组分变化速度在研究时段的后半段不断加快。

4.2.3.3 林业及相关产业与林地景观变化的关系

由表 3-2 可见，粤西北部地区各代表县域林地景观的变化在整体变化中占比最高，然而林业在第一产业和整体县域 GDP 中的比例非常低，表明县域在林业的发展中通过消耗大量自然资本获得的产出相对微小且效率不佳。然而，从图 4-16 可以看出，各代表县域在林业发展投入上还在持续增加；这一现象产生的原因在于县域工业化进程中，林业及其上下游工业的发展为县域发展提供了重要的推动力。

为了衡量林地景观变化与林业及其上下游产业的经济效益之间的性价比，将代表县域的林地景观在总景观变化中的年均比例与林业及其上下游工业产值在县域 GDP 中的年均比例进行比较。尽管一些地区的林地景观可能为县域带来旅游业等经济效益，但此处只考虑实际产值。由于数据在第四阶段内完整，故将该阶段数据整理后如图 4-17 所示。

---

① 如《肇庆市农业发展"十一五"规划》中提出"重点规划建设 300 万亩速生丰产林、10 万亩珍贵用材林"；《德庆县国民经济和社会发展第十一个五年规划纲要》中提出"全县形成 3 万亩蚕桑、……25 万亩速生丰产林、……农业生产基地。"《怀集县国民经济和社会发展第十一个五年规划纲要（2006—2010）》中提出"林业生产逐步朝着基地化、集约化、规模化经营的方向发展，先后引进了鼎丰……企业到我县投资兴办速生丰产林基地"，"……力争在'十一五'时期末，建成 10 万亩水果林基地、120 万亩速生丰产林基地……"

从图 4-17 可知，德庆县和怀集县的情况相似，长期发展林业的县域，其林业及相关产业对 GDP 的年均贡献率对于工业化和整体经济产出都至关重要。然而，新兴县却有所不同，其林业及相关产业对 GDP 的年均贡献率远低于林地景观的变化，这是因为研究时段内其林业发展较晚，2007—2009 年间林业依然在第一产业中占比非常低，故新兴县在图 4-17 中的林业及相关产业在 GDP 中的年均占有率被 2007—2009 年时的统计数据所拉低。

尽管林业引起最高的景观转入/转出贡献率，但林业上下游工业链带来的经济增长对林地景观的经济利用效率有着重要作用，因此林地景观变化并不低效，粤西北部地区县域通过干预林地景观，发展与林业相关的产业链，推动了县域经济的增长，对于促进发展"不均衡"的缩小有着重要的意义。

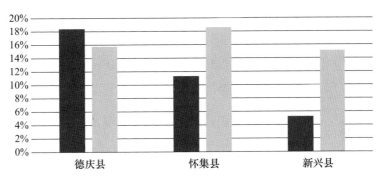

图 4-17　粤西北部县域林地景观变化与林业及相关工业产值的年均比较[①]
来源：历年《肇庆市统计年鉴》《新兴统计年鉴》。

4.2.3.4　"退耕还林"和果林种植对林地转入的影响

从表 3-2 中对景观组分特定优势组分转移分析中可以看到，耕地

———————

① 　林业占相关工业加和占 GDP 年均比例的计算公式为：历年 [林业总产值（当年价格）＋林地相关工业产值加和（当年价格，主要包括木材及竹材采选业、家具制造业、木材加工和木竹藤棕草制品业、造纸和纸制品业、化学原料和化学制品制造业）] ÷ 代表县 GDP 总量（当年价格）×100% 的平均值；林地景观变化在整体景观变化中的比例为表 3-7 中各代表县的林地转入和转出贡献率相加除以 5（年）作为年均变化率。

景观向林地景观的转变是粤西北部县域景观格局变化中最主要的 8 组优势特定转移中的重要一组。表面上看这一转变最为主要的原因是国家实施的"退耕还林"政策。

根据本章中县域所处的城乡发展背景分析中对耕地相关政策的分析,从 20 世纪 80 年代开始,国家政策中就已提及"退耕还林"的政策;90 年代末开始大力实施该政策,并且贯穿整个 21 世纪的头 10 年。从表 3-2 可见,怀集县和新兴县的"耕地景观→林地景观"定向转移贡献率基本呈现出与"退耕还林"政策实施时间相符的特征,参照图 4-2。根据赵晓燕等人的研究,第二、第三阶段为全国实施退耕还林的高峰时段 [137],这一定向转移随之升高,而第四阶段这一政策实施的高峰期已过,因此两个代表县的这一转移贡献率随之下降。

然而,表 3-2 中德庆县的"耕地景观→林地景观"转移贡献率则不符合上述的"退耕还林"趋势,反而呈持续下降的趋势。德庆县这一特定转移贡献率的变化趋势,其主要原因在于,德庆县的种植业中以柑橘果林为主,因此通过在耕地景观上种植柑橘果林导致林地景观增加,促成"耕地景观→林地景观"。

4.2.3.5 耕地保护政策间接导致的林地景观减少

国家对耕地景观的保护约束在不断增强,从以下两方面间接造成林地景观的减少:一方面,粤西北部地区县域在发展过程中想要增加其生计资本中的物化资本,即建设用地,以作为支撑县域第二、三产业的发展空间,受到保护耕地越来越强的约束下,只能更多地占用林地景观;另一方面,由于建设用地通过耕地景观转入后,为了寻求在耕地数量上的平衡,则通过开垦林地景观以增加耕地景观。两方面的情况都造成了耕地保护政策和法律间接导致林地景观的减少。

通过对景观组分优势特定转移变化的分析可知,林地景观和耕地景观定向向建设用地的转入地位的变化,反映了耕地保护政策对林地景观减少的影响。这一部分会在第 4.3.1.5 建设用地转入途径变化的探讨中展开讨论。

另一方面,从景观组分百分比来看,粤西北部地区县域景观格局中的林地景观呈波动下降的趋势，林业的周期长、范围大的特点虽然会对林地景观造成主要影响，但是也要看到林业对林地景观的影响具有周期性的特点，即林地景观发生变化始终处于一种动态平衡的状态，而在耕地保护政策的影响下，建设用地和耕地景观直接或间接地造成林地景观的转出，是林地景观组分百分比持续下降的重要原因。

4.2.4　未利用地——景观变化的中间过程

在粤西北部地区县域景观格局中的未利用地在土地利用程度和景观生态恢复力的评价中分别表现出利用程度最低和生态恢复力最低的特性（表 3-3 和表 3-4）。在研究时段中，未利用地的变化主要是作为景观变化的中间过程，例如林地景观在林业的采伐和种植之间的时间空隙中出现，林地景观和耕地景观向建设用地转变过程中的中间状态。由于未利用地更多地作为县域景观格局中景观变化的中间过渡状态的景观要素形态，因此造成了其在景观组分转入、转出贡献率中形成最高的转入 / 转出贡献率的特点。

另外，未利用地在景观组分变化速度中的活跃状态反映出人类对粤西北部县域景观格局中各类景观要素的干预不断增强。从未利用地在土地利用程度综合指数和景观生态恢复力评价中的低利用程度和低生态恢复力赋值来看，在县域景观格局中应尽可能减少未利用地在县域空间中保持的时间长度，以让县域景观格局在土地利用程度和生态效应上呈现出更好的产出。

4.2.5　水域景观变化——第一产业稳定的支撑

在粤西北部地区县域景观格局中，水域景观是研究时段内各类景观要素中最为稳定的类型，在景观组分百分比、转入 / 转出贡献率以及各项景观格局指数的描述中，水域景观都呈现出较强的稳定性。对此，作者认为这与粤西北部地区县域发展过程中始终保持的第一产业是水域景观较为稳定的原因。

第一产业是粤西北部地区县域经济的重要组成部分，加上粤西北部地区各县域多为山区县，且不邻更大区域的江河网络，各县倚重的种植业和林业更多依靠蜿蜒于山谷中的河流，因此水域景观较其他景观更为稳定，成为第一产业的稳定支撑，人类活动对水域景观的干扰相对较少。

4.2.6 县域景观格局总体变化——不同阶段发展的内外特点共同影响

由上述对粤西北部地区县域景观格局中各类景观要素受发展的影响可见，各类景观变化的多个方面都受到不同发展阶段的自身特点和所处的背景特点影响，发展与景观格局变化之间存在着复杂的关系。本小节将分析粤西北部地区县域总体景观格局变化过程中受到县域发展的影响。

4.2.6.1 县域总体景观格局变化的主要原因：发展中的稳固第一产业、推动工业化

由此前对粤西北部地区县域各类景观要素与发展之间的关系探讨可以发现，景观要素的变化都受到县域不同发展阶段的内部或外部特点的直接或间接影响，需从县域景观格局变化与发展路径关系进行分析。

在上一章针对县域景观格局变化的分析中，基于修正概率法的景观优势特定转移分析能够明确地梳理出景观要素的变化，其中约80%的变化主要集中在以下两个方面。

首先，与第一产业有关的定向组分转移是重要因素。其中包括林业导致的林地向未利用地转移、退耕还林和耕地保护政策导致的林地和耕地之间的转移。这些变化是县域自身生计资本的调整，既来自县域内在的发展需求，如林地变化对林业及其上下游工业的推动，也受国家政策如耕地保护法的影响。

其次，半自然和自然景观向建设用地的定向组分转移，包括林地和耕地向建设用地的转移。在粤西北部的发展中，这反映为减少自然资本增加物化资本，以追求工业化和第三产业的发展。县域内建设用地增长与工业化策略直接相关，无论是乡镇企业的自下而上发展，还

是"双转移"政策主导的工业化，因此县域景观格局中的这类景观要素变化的目的主要在于推动工业化。

粤西北部地区县域景观格局的变化与县域发展特点相符。无论是哪一个发展阶段，第一产业占 GDP 总量始终相较于全国和广东省更高，工业化是县域快速发展的主要因素。根据上述对县域景观格局变化特点和县域发展特点的对应分析，粤西北部地区县域景观格局变化的最主要原因可认为是县域发展中的稳固第一产业、推动工业化。

4.2.6.2　县域发展导致的土地利用程度和景观生态恢复力的波动变化

在上一章中采用土地利用程度综合指数和景观生态恢复力方法对县域景观格局的变化进行了评价。结合本章对粤西北部代表县域发展的多方面分析，对这两方面进行深入分析。

通过图 3-3 中的土地利用程度综合指数，我们发现县域景观的土地利用程度总体呈上升趋势，这主要是因为第二产业和第三产业占比的增加，特别是工业部门的扩张，导致建设用地增加，而林地景观和耕地景观减少。不过，这种上升趋势在 3 个代表县域中有所差异，反映出各县域发展的不同模式。进一步分析后发现，这种差异主要为第一产业策略的不同以及建设用地的扩张程度所致。

同时，图 3-3 也显示土地利用程度综合指数在某些时间段出现下降，这主要是由林地景观或耕地景观转化为未利用地所致。这种波动主要是由林地变化引起的，因为林地在 3 个县域中占主导地位。这也解释了后两个阶段波动的原因，尤其是怀集县和德庆县，即林业在第一产业中占比较大的代表县域。

另外，通过对景观生态恢复力的分析，我们发现这一指标与新兴县第四阶段林业采伐活跃（图 4-16）和工业化推进有关。尽管县域实现了相对快速的城镇化，保留了较多的自然和半自然景观，但工业化和林业活动使景观生态恢复力下降，尤其在第三、第四阶段。

4.3 县域发展中的景观格局变化总体模式

上述内容探讨了粤西北部地区县域景观格局与发展的关系，可见景观格局及其中要素与发展都有着非线性的相关性，然而，县域景观格局变化与发展在总体上的关系仍然不够清晰。如图 4-18 所示，我们依然基于选用的可持续评价方法框架将县域景观格局的变化模式与发展过程的关系进行阐述。对应可持续生计方法的框架，生计资本、结构和过程、生计策略和生计产出不再是如 DFID 原有框架图一般的流程图关系，而是由内向外的同心圆关系。

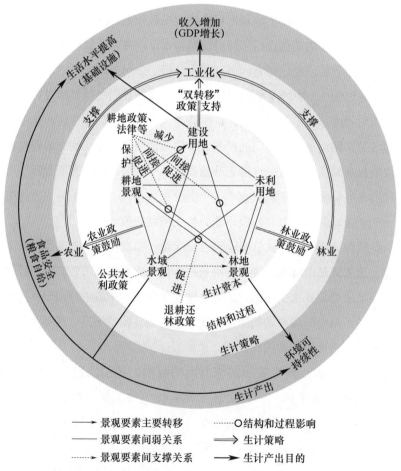

图 4-18　基于可持续生计方法框架的县域景观格局总体变化模式
来源：作者绘制。

　　首先，图 4-18 中的最内圈代表生计资本，即作为自然资本和物化资本的五类景观要素，不同类型的景观要素相互转化，如林地景观与未利用地的转换、耕地景观与林地景观的变化等，以及水域景观的支撑关系，构成了主要的变化模式。

　　其次，在生计资本圈外是结构和过程，包括相关的政策和法律。根据可持续生计方法的原始框架，结构和过程转变与生计资本之间存在着影响和响应的双向关系，与原始框架中的这一关系相对应，在图 4-18 中的结构和过程圈箭头有两种：一种为"点线"箭头，即结构和过程转变对景观要素的影响，其中最为明显的是耕地保护相关的政策和法律，不仅对耕地景观的保持状态、向建设用地转移的减少起着直接作用，还间接地对林地景观向建设用地的转移和对林地景观的开垦产生影响；另一种为由两条细线所组成、指向外侧生计策略的箭头，是在结构和过程允许、鼓励下，县域利用自身景观要素资本变化以追求发展的生计策略渠道，包括"双转移"政策支持的建立大规模产业转移园、鼓励速生林以发展林业等。由图 4-18 可见，结构和过程圈或者对生计资本圈内的景观要素变化直接产生影响，或者为县域利用景观要素资本提供渠道，是重要的过渡环节。

　　再次，在结构和过程圈外侧是生计策略圈，圈内整体表述的是此前总结的景观格局变化原因稳固第一产业并推动工业化的县域发展模式。生计策略圈相对简洁，主要由内侧两个圈所联系支撑着农业、林业和工业化三方面的生计策略，其中，如此前所分析的林业相关产业与林业相加的 GDP 占有率对县域经济的增长有着极其重要的作用。因此，在图 4-18 中，农业和林业对于工业的生计策略有着重要的支撑作用。

　　最后，在生计策略圈外侧是生计产出的内容，这一部分是对 DFID 的可持续生计方法框架中一个循环的顶端，对生计产出的追求是县域改变景观格局及其中景观要素乃至发展的目的。由图 4-18 中生计产出圈的几方面要素可见，县域景观格局变化的不同目的，包括收入增加（GDP 增长）、生活水平提高（基础设施水平提高）、粮食自给自足等。

　　由图 4-18 中对于粤西北地区县域景观格局变化模式与发展之间的内在联系的整合后，得到进一步梳理结果：景观格局中各类景观要素作为县域发展的生计资本，在对结构和过程转变的影响和响应作用下，追求稳固第一产业和推进工业化的生计策略；工业化促进县域经济快速发展、基础设施水平提高；第一产业为县域带来粮食基本自给并助推工业化进一步增加收入；与此同时，林地和水域景观维持着县域环境的可持续发展。

4.4 本章小结

本章基于第 2 章对景观格局变化与发展关系构建，结合第 3 章对粤西北部县域景观格局变化的研究，借助选定的可持续发展评估工具，评价了县域发展状况，并将县域发展特点与景观要素变化联系起来，探讨两者间的非线性关系。本章主要结论如下。

（1）以选用的可持续生计方法（SLA）框架对县域发展状况的研究。首先，对粤西北部地区县域所处的宏观城乡发展背景进行了梳理，发现城乡之间的关系经历了多个阶段，而本研究的主要时段集中于城乡差距不断扩大的宏观城乡背景下；其次，对粤西北部地区的县域发展进行评估，发现各县域与宏观背景在人力资本、生计策略上存在较大区别，并将各县域的发展分为 3 个阶段，包括乡镇企业带动下的自主蓬勃发展阶段、大城市路线开始后逐步被边缘化阶段、广东省"双转移"政策刺激下展现出高效状态阶段，整体上各县域发展呈现出在起伏中由不平衡走向相对平衡的趋势；最后，通过对德庆县、怀集县、新兴县代表性县域进行深入分析后发现，在生计产出都随着发展阶段的变化呈缩小后又扩大的趋势，而第一产业中的不同生计策略与自然资本有着极其重要的关系。

（2）县域发展特点与景观要素变化的联系研究。将县域发展特点与不同景观要素的变化联系起来，建设用地变化主要受发展阶段影响，呈现"U"形增长和建设用地景观空间模式；耕地景观受第一产业生计策略和宏观保护政策影响，政策对耕地景观变化产生双重影响；林地景观变化受林业和上下游产业的影响，波动明显，同时耕地保护政策推动林地变为建设用地；未利用地景观作为过渡状态，受建设用地平整和林业采伐影响；水域景观稳定支撑第一产业。

（3）县域发展总体特点与景观格局变化。县域景观格局变化主要由发展策略驱动，景观要素作为资本，推动县域发展，特别是工业化策略，同时，提升基础设施、粮食自给背后的耕地保护等目标也影响着景观变化。复杂的景观格局变化由上至下和由下至上的发展因素共同导致，体现出县域宏观与微观结合的特点。

本章通过县域发展特点与景观要素变化的联系研究明确了它们之间的关系。然而，由于县域尺度宏观与微观结合的特点，这种关系仍为较粗略的非线性关系，进一步的深入探讨需考虑不同参与者的目标。

5 政府和农民主导景观变化的驱动力研究

景观变化驱动力的研究对于揭示内部机制、预测未来方向和后果、制定对策等有着至关重要的作用[45]，而景观变化的驱动力研究中也强调着参与者的作用[44]。本章基于上一章的内容，从主导景观变化的参与者角度出发，探讨不同参与者带来的不同的景观变化驱动力，以求更深入地对县域景观格局变化与发展之间的关系展开研究。

本章基于此前各章的主要结论，并根据本章使用的数据源，界定了研究的时空范围和景观分类，对政府和农民主导的景观变化驱动力分别展开研究，对政府和农民各自主导的景观变化驱动力进行具体研究，具体包括政府主导的人工景观变化驱动力的研究，以及农民主导的种植业景观、农宅景观空间变化模式的驱动力 / 驱动因素的研究。

5.1 参与者主导景观变化的驱动力研究基础

5.1.1 理论框架搭建的铺垫

在第 2 章针对景观格局变化与发展之间的关联建构分析中，提出了探讨景观格局与发展之间关系的第 3 个步骤，并从景观角度出发，以景观格局及其要素变化作为理论框架中反馈的终点，对选取的可持续发展评估工具，即可持续生计方法（SLA）框架进行了研究和一定的重构，指出了在可持续生计方法框架下，发展对于景观格局的变化有着 3 方面的渠道（生计产出的反哺、结构和过程转变、脆弱性背景），如图 2-6 所示；并指出推动者推动景观变化形成的反馈终点具有短暂性，而不变的是推动景观变化背后参与者的目的（动机），如图 2-7 所示。

5.1.2 "由上至下"的非线性概括：县域层面难以更深入

上一章内容概括分析了粤西北部地区县域发展对景观格局变化产生的影响。研究表明，县域景观格局变化的原因主要在于其发展有着稳固第一产业的基础上推动工业化的目标。然而，从上一章概括的结论来看，由于县域本身的由上至下和由下至上相交会、宏观与微观相结合的特点[143]，以及景观格局变化过程中具有的复杂性[45,55,58]，导致以县域为单位"由上至下"的探讨景观格局变化与发展之间的关系难以更进一步。因此，本章中针对景观变化驱动力的探讨需围绕第一产业相关景观要素和人工景观要素，即两方面县域景观格局变化中最为主要的部分，借助分解的方法进一步对景观变化与发展之间的关系进行研究。

5.1.3 "由下至上"的探讨角度：参与者的确定

Bürgi 等总结的景观变化驱动力研究一般步骤中持续强调参与者的作用（图 1-8）[44]。本章从参与者视角出发，对参与者追求发展过程中推动的景观要素变化进行"由下至上"的景观变化驱动力探讨，而县域景观格局变化中最为突出的是第一产业相关景观要素和人工景观要素。

从第一产业相关景观要素的角度来看，由于第一产业主要由农民参与生产，因此，本书认为县域景观格局中的第一产业景观变化主要由农民在追求发展的过程中所推动，故相关景观要素变化的驱动力研究都被归为农民主导景观变化的驱动力研究的范畴。

从人工景观要素的角度来看，县域景观格局中的建设用地增长包括城镇建设用地和农村建设用地的增长，其中城镇建设用地的增加或者由政府主导，或者是由政府对社会做出引导；农村建设用地中最为主要的农村居民点用地在 2007 年左右已达到城镇建设用地的 6 倍[26]，农民的住宅景观变化虽然受政府相关政策的限制，但始终由农民自身作为该类景观要素变化的主导对象。由此可见，县域中的人工景观要素变化的主要推动者包括政府和农民两种类型的参与者。

因此，本章将分别"由下至上"地对政府和农民主导景观变化的驱动力进行研究。其中，对政府主导景观变化的探讨对象主要为人工景观要素；对农民主导景观变化的探讨对象主要为第一产业相关景观要素和人工景观要素中的农宅景观。

5.1.4　景观变化驱动力的研究时空

本章从"由下至上"的视角，探究了粤西北部地区县域景观格局变化中，政府和农民分别主导的景观格局变化驱动力。在研究方法上，农户主导景观部分的研究，通过"91卫图助手"软件获取的高精度地球数据源遥感影像以支持景观变化分析，并且根据高精度遥感影像细化景观要素分类，此外，由于研究区域高清遥感数据在2010年以前有限，故本章范围内的研究主要借助2012年以后的数据。这些方法为更全面地理解景观变化的动力提供了更多的视角和信息。

5.2　政府主导景观变化的驱动力研究

5.2.1　上层政策推动的人工景观变化驱动力分析

根据图2-6中对SLA框架的分解，县域尺度景观受上级政策直接影响。在第4章对县域景观格局和县域发展的分析中发现粤西北部各县域经济在第四阶段的飞速增长与广东省的"双转移"政策主导的工业化息息相关。此外，大尺度下的基础设施建设，如省域甚至跨省的高速公路、高铁的修建，同样会对县域景观产生影响。

5.2.1.1　"空降式"的工业产业转移园

（1）研究方法

由于到此前研究时段截止的2012年，粤西北部代表县域的产业转移园仍然在扩张中，所以在本部分中主要采用Landsat影像上呈现片状的"产业转移园"建设和呈线状的高速公路、高铁的修建对景观变化的明显影响，通过人工解译进行分析。

（2）产业转移园的"空降"规模：量大、变化速度快

如图 5-1 所示，在 2007 年广东省提出"双转移"以前，怀集县和德庆县已经在产业转移园的范围内开始了建设活动；怀集县在 2002 年时已形成了"广佛肇经济合作区"，而德庆县也是在"双转移"政策颁布前已在产业转移园范围内开始了大规模建设。由图 5-1 可见，德庆县由于 2002 年已开始了大范围建设，因此，初始范围以 1996 年航拍影像为准更为合适；而怀集县和新兴县则以 2002 年为初始。

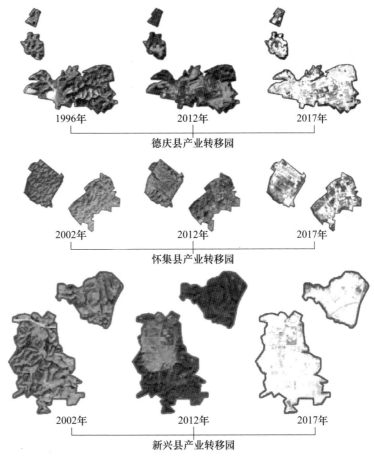

图 5-1　粤西北部地区县域产业转移园范围内的不同时间遥感影像 ①
来源：Landsat 遥感影像，其中 2017 年数据整理自 Landsat 8 数据。

_____

① 图中各斑块位置已调整，相互间关系已脱离原始坐标。

借助 ArcGIS 和 AutoCAD 的划分和计算，得到 3 个代表县的产业转移园导致的建设用地变化，在两方面与各县同时段内总的建设用地变化的横向比较。

第一方面，为不同时间点产业转移园建设用地在县域总建设用地中所占比例的比较，如图 5-2 所示，代表县的产业转移园范围内的建设用地在县域总建设用地中所占比例急剧增长。

第二方面，为前后时间点产业转移园建设用地与县域总建设用地的倍数关系比较，如图 5-3 所示，产业转移园范围内建设用地的增长速度远远高于县域建设用地的增长速度。

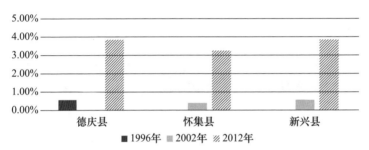

图 5-2　代表县产业转移园范围内建设用地占总建设用地比例变化 [①]
来源：作者整理。

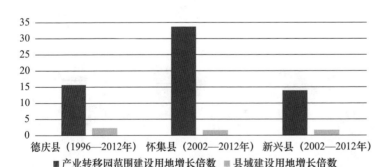

图 5-3　代表县产业转移园范围内建设用地与县域建设用地增长倍数
来源：作者整理。

此外，根据 Richard T.T. Forman 提出的最优景观格局——"聚集—离散"（aggregate-with-outliers）[144]，各个产业转移园的

---

① 　图中怀集县和新兴县以 2002 年为产业园建设起点；德庆县以 1996 年为产业园建设起点。

选址与县城的建成区有一定的距离并通过高效的交通连廊相连是符合最优景观格局原则的。然而，由图5-4可见，在规模大小上，过大的产业园对于县城来说已不是"飞地"的角色，产业园规模之大已一定程度上混淆了自身与县城在景观格局中的主次关系。另外，在德庆县和新兴县来看，由于产业园规模巨大以及与县城间隔不远的原因，两大块人工景观斑块之间产生相吸的作用力，两者靠拢的倾向在2012—2017年间逐渐增强，使两者间的非人工景观正在被侵蚕食，如无限制，最终可能导致两个大型斑块直接相连，将会形成与"摊大饼"倾向相同并严重影响生态系统的景观格局。

由以上3方面的情况来看，代表县的产业转移园范围内的景观变化，形成了县域范围内建设用地转入的一处或几处增长极，在短时间内，产业转移园范围内的自然或半自然景观迅速向人工景观转化，由上至下政策的大力实施使得产业转移园范围内的人工景观犹如"空降"，且由于有的产业园不仅规模大还与县城距离近，形成了不断相互吸引可能最终连成整片的斑块关系。

（3）产业园的景观空间变化特点：规划明确、强行抹去和企业入驻滞后

从图5-4中的遥感影像可观察到，粤西北部县域的产业转移园规模大、接近县城，有着明确的规划（包括道路、地块和绿化布局），且其建设有计划并且迅速。观察代表县产业园的航拍影像，可以发现产业园范围内的景观变化有两个特点：首先，既有自然景观大多被转化为未利用地，然后才转化为建设用地；其次，企业进驻滞后于园区建设，产业园内景观变化包括自然景观转化为未利用地，未利用地转化为人工景观以及最终转化为建成景观，其中第三步持续时间较长，与前两步相比较为滞后。

这种变化对景观格局和生态过程有负面影响：首先，大规模自然景观被抹去，然后进行人工绿化，破坏了景观格局，严重影响当地的生态过程；其次，未利用地的长期存在，同时影响了土地利用和生态系统的效率；这种"空降"式景观建设主要受上级政策驱动，缺乏基于生态过程的景观变化模式考虑。

2012年 德庆县　　　　　2012年 新兴县

■ 县城区　■ 产业园区　●—● 两区相互吸引方向

图 5-4　德庆县与新兴县产业转移园与县城区关系

来源：整理自 Landsat 8 ETM+ 遥感数据。

5.2.1.2　交通基础设施建设导致的人工景观变化

在粤西北部的代表县域航拍影像中，高速公路和高铁线路的修建是明显的基础设施原因导致的人工景观变化。以怀集县为例，在研究时段末的 2012 年，该县的高速公路和高铁线路修建进度最快，其剧烈的人工景观变化程度引人关注。

在研究方法上，与产业转移园范围内的研究相似，使用 ArcGIS 和 AutoCAD 工具进行分析。在 ArcGIS 中，通过对比 2012 年和 2007 年的建设用地数据，确定了高速公路和高铁建设引起的建设用地转化部分，然后使用 AutoCAD 进一步分析和计算其面积。

通过表 5-1 可以看出，怀集的高速公路和高铁基础设施导致的建设用地转化迅速且呈线状，仅在 2007—2012 年的 6 年间，其转化面积占到了总建设用地的 13.73%，占 2012 年总建设用地的 5.27%。这个变化速度和比例远高于产业转移园在 2002—2012 年间所导致的建设用地转化比例。

高速公路和高铁建设引起的人工景观变化呈线状，较之产业转移园的点状增长更为迅速。这种变化导致自然景观斑块和半自然景观斑块的分割，对县域景观格局影响显著（图 5-5）。

表 5-1　怀集县交通基础设施与产业转移园增加建设用地面积及比较

	2007—2012 年 交通基础设施	2002—2012 年 产业转移园
导致增加的建设用地面积（亩）	1097.7	490.5
占 2012 年县域建设用地面积的比例（%）	5.27%	2.35%

	2007—2012年 交通基础设施	2002—2012年 产业转移园
占2007—2012年总建设用地转入面积比例（%）	13.73%	6.13%

来源：作者整理。

图 5-5　怀集县县域范围内高速公路和高铁建设导致的建设用地转入
来源：作者整理。

5.2.1.3　上层政策下的人工景观变化驱动力分析

通过对上级政策文件的分析，可以构建 SLA 框架下的上层政策主导下景观变化驱动力框架，以及代表县的生计策略向工业化转型的分析框架，详见图 5-6。

广东省颁布的《中共广东省委 广东省人民政府关于推进产业转移和劳动力转移的决定》，主要涉及土地使用、财政支持和人力资源 3 个方面，具体细节见表 5-2。土地使用方面的政策对县域层面的自然 / 半自然景观转化为人工景观产生较大影响，强调了对产业转移园土地使用的支持，这使得县域内建设用地得以在一定程度上突破土地规划的约束，结合财政支持和县域金融资本，形成景观变化的驱动力。

"双转移"政策对广东省的产业空间结构调整至关重要，上级政策在产业转移园建设中起到重要推动作用。在SLA框架下，上层政策支持的产业转移园建设引发的人工景观变化以及省级政策鼓励的人力资本提升，共同构成县域工业化生计策略的关键。从宏观角度看，粤西北部县域的工业化生计策略是广东省生计转型的重要组成部分。

此外，大型交通基础设施建设导致的人工景观变化也受到上层政策的推动，其变化的驱动力同样如图5-6中的驱动力分析框架所示，由土地使用政策和财政支持政策相结合推动，增强了县域的物质资本，带来了便利的交通，并追求县域层面上推动景观变化的目的，即提高基础设施水平（同样也是图5-6中的提高生活水平）。

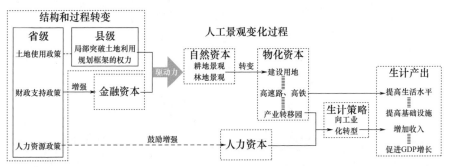

图5-6 上层政策主导下的人工景观变化驱动力分析及生计产出目的
来源：作者绘制。

表5-2 《中共广东省委 广东省人民政府关于推进产业转移和劳动力转移的决定》文件对应内容摘取

政策方向	具体政策
土地使用政策	对产业转移园建设用地指标安排要适度倾斜，保证其建设用地需要
	对于投资10亿元以上重大项目的用地计划由省专项安排
	对口调剂使用农用地转用计划指标和补充耕地指标
财政支持政策	省每年安排欠发达地区产业转移园区发展专项转移支付资金15亿元
	每年安排重点产业转移园区专项资金15亿元……扶持3个示范性产业转移园区建设

续表

政策方向	具体政策
人力资本政策	大力发展县域经济和特色产业，提高吸纳就业能力
	要把产业转移园作为吸纳农村劳动力就业的重要载体
	每个县（市、区）要建立若干个灵活就业基地，鼓励农村劳动力就地就近就业
	实行农村贫困家庭子女入读中等职业技术学校、技工学校免学杂费和补助生活费政策
	实施农村劳动力免费职业技能培训
	实施农民工技能提升培训计划
	对被征地农民、转产转业渔民、其他农村劳动力……分别开展不同类型的技能提升培训

来源：《中共广东省委 广东省人民政府关于推进产业转移和劳动力转移的决定》。

5.2.2 政府主导的人工景观变化驱动力小结

通过分析政府主导的人工景观变化驱动力后可见，政府主要通过可持续生计方法框架中的结构和过程转变的渠道推动景观变化。在各级政府推动景观变化的效果方面，不同层级之间存在巨大差异。上级政府采用金融资本增强、土地使用权限放开等多种手段，迅速推动县域景观变化，同时刺激经济发展。

在推动景观格局变化的目的方面，上级政府旨在实现更高层次的发展战略，如"双转移"，以促进经济增长和基础设施提升。这种政策导向反映了不同层级政府主导的人工景观变化在空间上的体现，同时也揭示了县域景观格局变化驱动力更深层次的复杂性。

5.3 农民主导景观变化的驱动力研究

5.3.1 发展框架下农民推动景观变化主要驱动力：生计反哺

城乡差距的最主要体现是城乡收入的差距，因此我国多年以来的中央一号文件都强调"农民的增收"。第 2 章基于可持续生计方法框架下的探讨中指出，可直接影响景观的 3 部分包括脆弱性背景、结构和过程转变、生计产出的反哺（图 2-7），农民推动景观变化的目的是提高收入和生活水平，但农民的增收并不直接影响景观变化，具体的景观变换驱动力取决于引导和诱发农民推动景观变化所具备的条件，故需在此进一步厘清农民推动景观变化的主要驱动力。

如图 5-7 所示，将第 2 章中的图 2-7 框架从农民角度来进行分析，脆弱性背景虽然可能诱使农民改变景观，但是脆弱性始终只是对主体外部状态的警示性描述[84,90-92]；而结构和过程转变主要通过引导影响农民，再由农民推动景观改变，对景观变化影响间接。相比之下，生计产出向生计资本的反哺是农民直接且主要推动景观变化的方式。这意味着农民的"消费"对景观要素变化的影响比"增收"更为直接和有力。

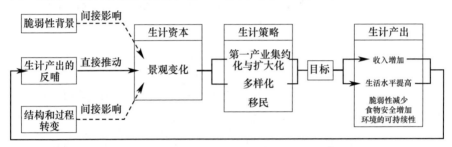

图 5-7　以农民为主体的 SLA 框架中影响景观变化的途径、策略及目的 [①]
来源：作者整理自 DFID 的可持续生计方法框架。

第 4 章开头指出，在 SLA 框架下景观格局是生计循环过程中生计产出反哺的结果，各类景观要素是生计主体追求生计产出所拥有的生计资本。这对作为主体的农民同样适用，他们通过生计产出的反哺来改变物化资本和自然资本中的景观，这既是景观变化的结果，也是下一个生计循环中产出提升的动因。因此，农民主导的景观变化应该从动态循环的角度来看待，其驱动力是生计循环过程中产出反哺的结果。

5.3.2　农民主导景观变化的途径与比较

5.3.2.1　农民主导景观变化的途径

农民推动景观要素变化的目的在于增加收入和提高生活水平。以

---

① 图中生计策略部分的农业集约强化和扩大化以及多样化来自《Livelihoods perspectives and rural development》Scoones I. Livelihoods perspectives and rural development[J]. The Journal of Peasant Studies, 2009 (1): 171—196. 中针对农民所提出的 SLA 框架。

这两方面目标的推动景观变化的途径可以分别进行细化讨论。

在提高生活水平的目标下，景观变化可以根据产权情况细分：一方面，农民通过个人产权主导下的景观变化，如农村住宅建设，特别是通过住房消费来提高生活水平（图 4-4 中农民消费百分比堆积中住房消费为食品消费之外的最大消费方向），这种变化对个体生计循环产生积极影响；另一方面，在社会资本的引导下，农民可以集中将生计产出反哺，形成改变公共性景观的能力，以提升整体生活水平。例如，社会资本协助改善公共环境，如生活污水处理项目和水利景观可以促进农村生活品质的提高。

农民推动景观变化以增加收入为目标有多种途径。在生计产出反哺的引导下，他们采取多种生计策略——如 SCOONES 等归纳的第一产业的集约强化、多样化以及移民等策略。同样，由于乡村每一个农民的生计反哺势单力薄，因此对每一类景观变化的探讨都包含此前讨论中的私有和公共景观变化。

接下来将对提高生活水平的景观变化和增加收入的景观要素变化途径分别进行论述，其中为提高生活水平的景观变化包括属于私人景观的农村住宅建设和社会资本引导下的公共景观建设；而为增加收入的景观变化则按图 5-7 中所示的分类，即农业的集约强化、扩大化、多样化 3 方面策略进行讨论。

（1）提高生活水平的景观变化——私人农村住宅建设

以提高生活水平为目的的农民私人主导景观变化中，住宅景观变化是其中最具代表性的景观变化。此前在第 4 章对县域发展所处的城乡发展背景分析中，对农民生计反哺的渠道探讨中提到农宅景观的增长是多年来农村景观变化的重要组成部分；而农村住宅景观变化的驱动力除了此前提出的最主要的生计产出反哺外，还有农村的人口增长趋势也是重要的驱动力之一，在后文对农宅景观空间变化模式的分析中将深入对多方面驱动因素，包括技术发展的趋势、城市文化的影响，推动了农民的生活方式发生了巨大的改变，进行更深入的分析。

（2）提高生活水平的景观变化——社会资本引导下的公共景观变化

在公共景观的改变上，社会资本中的村规民约在农村居民生计反哺中起到集中引导作用，使同一村的农户将生计资本集中反哺，以改善公共景观提升生活水平。粤西北部地区新兴代表县龙山塘村的宜居建设，是一个通过社会资本引导村民将生计产出集中以进行公共景观建设的典型案例。

龙山塘村的生活污水处理项目工程（图 5-8）由专业环保机构按全村人口数设计容量，通过高负荷地下渗滤污水处理的生态处理技术对农户的厨卫浴混合污水实现就地处理，且运行成本低。根据作者向龙山塘村委委员的了解，该项目由村委组织全村 140 户人共同筹得 30 余万元的资金，加上借助广东省"名村示范村"建设政策获得的部分资金和技术支持，得以实现这一提升村民生活水平的景观变化。

此外，村内的水景观改造工程也大大提升了村民的生活品质。如图 5-9 所示，在改造前，位于溪流旁的入村道路是一条狭窄的泥泞小道，村中的瀑布景观则是一处坍塌的猪圈。水景观的改造过程中，基于专业设计机构的方案，村委会不仅向村民筹集资金，还发动村民收集鹅卵石以作为改造的材料，另外，通过《新兴县名村示范村建设财政奖补办法》中的"筹资筹劳"，对"义务性劳动"参与改造的村民进行每人每小时 10 元的标准补助，使村民们在生计反哺以提高生活水平的改变景观的过程中出资还出力 [145]。

图 5-8 龙山塘村的生活污水处理项目工程
来源：作者拍摄。

2010年改造前
入村口

2012年改造后

2010年改造前
坍塌猪圈

2012年改造后

图 5-9 龙山塘村的特色水景观改造前后对比
来源：作者拍摄。

（3）集约强化增收策略的景观变化途径——新兴县养殖业

根据第4章的分析，新兴县长期以牧业作为第一产业支柱，农民多以养鸡和养猪为主要收入来源。同时，新兴县是国家农牧业产业化重点龙头企业、国家级创新型企业广东温氏集团的发源地，也是广东温氏集团的总部和研发中心所在地。

2010年以前，新兴县农户主要在自建的养鸡棚或传统民居中养鸡，2010年以后广东温氏集团采用"公司＋农户"的合作模式，推出了"倍增计划"。在这一计划中，企业投资建设现代化养鸡场，为农户提供鸡苗和养殖技术支持，农户饲养成鸡后卖给企业。这种合作模式既确保了农户的销售渠道，也使企业获得盈利，实现双赢。

在"倍增计划"的推动下，新兴县涌现出多样的养鸡场景观变化，包括重新建设养鸡场、廊道式景观和垂直空间的利用等。如图 5-10（a）所示，是在老旧鸡场原址拆旧建新；图 5-10（b）和图 5-10（c）则是两处较大规模、顺着山坳处新建的鸡场，在县域景观的尺度上呈现细长的廊道式景观空间转入模式；如图 5-11 所示，是一些村落自发建立重叠利用鱼塘上方空间作为养鸡场，导致垂直空间中景观的分层变化，这种垂直空间变化并未改变水域景观中的生态过程和经济功能。

(a) 新兴县籐竹镇五联村石头冲村中的拆旧新建鸡场

(b) 新兴县籐竹镇五联村石头冲村中沿山坳成片的新建鸡场

(c) 新兴县籐竹镇永安村沿山坳成片的新建鸡场

图 5-10　新兴县拆旧建新养鸡场和大规模养鸡场遥感影像和照片
来源：遥感影像来源自谷歌地球，照片为作者拍摄。

(a) 新兴县籐竹镇榄根村马屯自然村在水域上架起的鸡场

(b) 新兴县籐竹镇榄根村山根自然村在水域上架起的鸡场

图 5-11　新兴县架在水域景观上的养鸡场遥感影像和照片
来源：遥感影像来源自谷歌地球，照片为作者拍摄。

　　"倍增计划"中的景观改变过程看似由企业主导，农户似乎没有直接筹资参与景观建设，但他们最终的生计反哺有部分分流给了企业，实际上农户只是延迟了用于支付景观变化的金融反哺。

　　新建鸡场导致的景观变化是由农民和企业共同推动的景观变化，

这与此前龙山塘村民和外资共同筹集资金修建生活污水处理系统的案例在本质上相同,不同的是过程中农民延迟了生计反哺向景观变化渠道流动的时间,而景观改变的目的是通过第一产业集约化的效应追求收入的增加。

(4)扩大化增收策略的景观变化——德庆县的柑橘业

在第四章中对德庆县的第一产业生计策略分析中,提到了德庆县农民大幅度增收主要与柑橘水果的种植有着密切的关系,柑橘水果种植收入占农民收入的50%以上[①]。根据2006年新闻报道,随着果林景观的规模不断扩大,农民收入不断增长:2003年春节时,德庆县农信社被农户提出2000多万元,而在2004年、2005年、2006年的春节前期,不但提款的人不断减少,存款数额更是分别达到2200多万元、6700多万元、1亿多元。[146]这则新闻反映了通过果林景观的扩大化,农民每年的生计产出后反哺至金融资本的数额增大,此后又通过果林景观的扩大再次增加收入进一步反哺金融资本的过程。在本章本节后面部分将分析德庆县在研究时段内柑橘果林景观的大幅度增长趋势,以及导致这一景观变化的政策、气候、地形等多方面的驱动因素共同作用形成的驱动力。

(5)多样化策略的景观变化——非农产业景观变化

按照产业类型的划分,以农民为中心的多样化生计策略指发展第二、第三产业以增加收入的过程。以农民为中心的生计循环中,同样由于农民个人生计产出反哺的势单力薄,通过第二、第三产业追求收入增加主要通过集体行为,景观改变多为在村中的公共景观空间发生,而发展第二、第三产业导致的景观变化多为半自然或自然景观向人工景观转化。

第二产业景观变化以新兴县簕竹镇的良洞村为例,该村与广东温氏集团合作,以村民入股集资的形式办起了多达9家工业企业,这些企业都是服务于广东温氏集团养殖业上下游的工业企业。发展第二产

---

① 2010年德庆县政府工作报告指出"德庆贡柑、砂糖橘被评为亚运推荐名优旅游特产……柑橘销售总收入超20亿元,柑橘收入占农民人均年纯收入的50.8%"

业推动的景观变化将使自然或半自然景观转变为高密度、集中的人工景观。随着推动第二产业发展导致景观的变化，1/3 的良洞村民在本村企业中上班，2007 年时人均收入已近 7000 元，村委的集体收入有 26 万元，还在镇政府的指引下将村办的编织袋厂的 27 个股份转让给同镇的 5 个贫困村[147]。

第三产业景观变化以新兴县六祖镇为例。六祖镇是广东省旅游名镇，是禅宗六祖的出生地，具有国恩寺、龙山温泉等旅游资源，六祖故里旅游度假区为国家 4A 级旅游景区。依托于镇内的旅游业发展，在镇区内及沿主干道六祖大道两侧，有着多家村民所开的"农家乐"形式的餐厅，这类人工景观多由临近道路的耕地或者林地转化而成，在布局上较第二产业导致的景观变化更为分散。

5.3.2.2 农民主导景观变化途径的比较

基于粤西北部县域农民生计状况，根据上文中对各类农民生计循环过程中推动景观变化的举例说明，对下一生计循环中追求不同生计目标、不同生计策略、不同行为主体的景观变化进行横向比较，并对这些景观变化的普遍性、对县域景观影响程度以及后续生计循环中的影响进行讨论，具体见表 5-3。

表 5-3　农民推动景观变化途径的比较

下轮生计产出目标	生计策略	典型案例	景观变化	实施主体	普遍性	对景观格局的影响	对后续生计反哺需求
提高生活水平	—	住宅	（半）自然→人工	个人	大量	明显	弹性
		公共设施	人工/（半）自然→人工	集体	少量	不明显	较少
增加收入	农业集约强化	新兴县现代养鸡场	人工/（半）自然→人工	个人/集体	相对较少	较小	硬性
	农业扩大化	德庆县果林	（半）自然→（半）自然	个人	大量	不明显	硬性
	多样化第二产业	新兴簕竹镇工业	（半）自然→人工	集体	少量	不明显	硬性
	多样化第三产业	新兴六祖镇餐饮业	（半）自然→人工	集体	少量	不明显	硬性

来源：作者整理。

（1）普遍性

在不同的农民主导景观变化途径中，个人行为主导的景观变化途径普遍性较高，而集体行为导致的景观变化相对较少，这是因为农村地区农民人数众多，个人行为主导的景观变化更加普遍。而集体行为主导的公共设施建设和乡镇企业发展往往由于城乡收入差异限制，其对景观变化的影响较小，普遍性较低。例如，新兴县龙山塘村的生活污水处理项目和水景改造案例，即使有集资参与，仍需借助政策支持才能实现，因此其普遍性相对有限。多样化中以第二、第三产业为增收手段，由于第二产业需要的劳动力和资金密度都低于城镇地区，第三产业更为依托乡村周边的旅游资源，且受到脆弱性背景中季节性等因素影响，也不具备普遍性。

（2）对景观影响程度

对县域景观格局的影响程度与普遍性相关，个人主导的住宅建设和农业集约强化、扩大化在景观变化中影响较大。农民以提高生活水平为目标的住宅建设，对县域景观有较明显的影响，同时农业集约强化如现代养鸡场，使自然景观向人工景观转变，也产生一定影响；相较之下，农业的扩大化，如果林的扩展，对景观的改变较小；而集体行为主导的景观变化由于普遍性较低，影响程度也相对较小。

（3）对后续的生计反哺影响

在本小节中强调需要以动态循环的眼光来看待以农民为中心的生计循环过程中推动的景观改变，因此，在表5-3的右侧，还有对已改变的景观在后续生计产出反哺中的影响。对后续生计反哺的影响与景观变化途径密切相关，以提高生活水平为目标的景观变化具有较大的弹性，农民在后续生计循环中根据需要调整投入，如住宅的装修等。然而，为增加收入而推动的景观变化需要持续的硬性投入，如养鸡场的集约强化需要持续投入以维持高效，果林的扩大化需要农民持续维护[148,149]，多样化生计策略亦是如此。集体行为主导的公共设施建设在后续的生计反哺中，农民更希望减少投入。总体来看，景观变化途径的影响与后续生计反哺的需要有关，以提高生活水平为目标的变化具有较大的灵活性，而增加收入的变化需要持续投入。

综合上述分析可知，农业集约强化和扩大化推动的景观要素变化不仅为农民生计产出的反哺具有普适性，相对而言，具有普适性的农宅景观变化对县域景观格局的影响较小，还能提供景观要素变化后农民的后续生计产出的持续反哺渠道。

5.3.3 农民推动景观变化过程中的机会成本

前文对以农民为生计循环中心的各类景观变化途径进行了比较。在可持续生计的框架下农民生计产出反哺过程中存在机会成本，即在一种生计产出反哺方向投入时，就无法同时投入另一方向。图 5-12 展示了生计产出反哺中的机会成本，其中一部分生计资本不涉及景观变化，而在推动景观变化的过程中也存在机会成本，因此推动农宅景观变化和以增加收入为目的推动景观变化有着对立性。

通过图 5-12 可知，怀集县与其他两个代表县相比，人口与住宅不相匹配的增长、常住人口增长率最低但人均住房建筑面积增长率最高等现象，揭示了人口和住宅增长的不协调。根据第 4 章的表 4-7 中各县域的非农人口负增长分析，以及图 4-6~ 图 4-8 中各代表县的房地产行业持续保持较低的 GDP 百分比，可以推断图 5-13 中怀集县人口与住宅不相匹配的增长，在很大程度上是该县域范围内农民新建住宅所导致的。

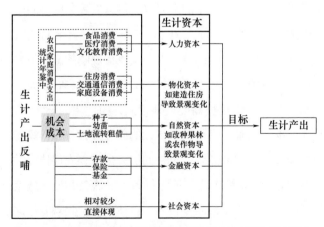

图 5-12 农民生计反哺中推动景观变化的目的及其实现的生计策略
来源：整理自 DFID 的 SLA 框架 [93]、《中国统计年鉴》中的农民家庭消费支出分类。

　　根据第 4 章中对粤西北部 3 个代表县域第一产业生计策略的具体分析，德庆县和新兴县除了传统的种植业外，还分别通过水果种植业和养殖业进行生计循环的产出和反哺；相对应的是，怀集县依然依赖于耕地的传统农业，生计循环中缺乏农业的集约强化或扩大化作为增加收入的反哺渠道，这可能是导致怀集县农民在生计循环中机会成本中更倾向于推动住宅景观变化的原因。

　　怀集县并非个例，第 4 章中图 4-1 显示了农民住房的增长与农村人口建设的剪刀差现象。高海峰等的研究指出，剪刀差与城市住房的售价波动有着关联性；具体的推断是，农民在外出打工过程中虽然提高了收入，但是城市房价的增长使农民无法在城市进行生计反哺，而乡村地区又缺少其他反哺途径的选择，使建设农宅成为他们生计产出反哺的主要方向[96]。农民在生计循环中的机会成本倾向成为加剧农村空心化的原因，造成了对资源的浪费和对景观格局的破坏。

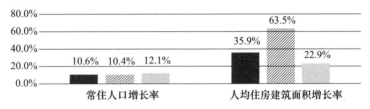

图 5-13　2000 年、2010 年代表县域常住人口增长率和人均住房建筑面积增长率
来源：　　　整理自《肇庆市 2000 年人口普查资料》《云浮市 2000 年人口普查资料》
《肇庆市 2010 年人口普查资料》《云浮市 2010 年人口普查资料》。

5.3.4　基于统计数据的种植业景观变化驱动因素分析

5.3.4.1　第一产业景观变化驱动力分析的可行性

　　第一产业景观的变化是粤西北部地区县域景观变化中最为突出的部分，进行景观变化的驱动力分析需要同时获得空间信息和相应的经济、社会统计数据。由于本研究所使用的遥感影像数据在 2010 年之前缺乏高精度数据，难以进一步对第一产业的景观变化进行准确地识别和分类，这也成为深入分析的障碍。因此，本节将更多地依赖于可查询到的第一产业景观统计数据。

在现有的统计资料中，种植业是最详细的一类，包括种植面积等，可以作为农作物种植景观、果林种植景观的依据；林业方面，仅有市级的全面林地面积统计，缺乏县域级数据；粤西北地区牧业主要为禽类和猪的养殖，近年已转向厂房式的人工景观，统计数据中亦同样缺失；渔业主要为淡水养殖，且与林业类似，县级数据有限。

由此可见，基于本研究中的航拍影像数据源和统计数据的限制，对第一产业景观变化驱动力的最为可行的分析，在于通过统计数据对种植业景观变化中的农作物种植景观变化和果林景观变化的驱动力进行分析。

5.3.4.2　粤西北部气候与气象变化对种植业景观的影响

（1）气候与气象变化对种植业景观的影响在 SLA 框架中的位置

中国传统俗语"靠天吃饭"反映了种植业受气候、气象条件的影响极大[150]。气候变化已成为全球性议题，而在本研究基于可持续生计方法框架对景观变化驱动力的分析中，气候变化属于图 2-4 中的可持续生计方法框架中的"脆弱性背景"中的"变化趋势"部分。气候变化这一热议话题中，广受关注的一个部分是变得越发持久、强烈的气象灾害[151,152]，气象灾害则属于"脆弱性背景"中的"冲击震荡"部分。粤西北部的气候变化趋势和气象灾害震荡作为种植业景观变化的重要脆弱性背景，因此有必要对这两部分做一定的背景性研究。

（2）粤西北部的气候与气象变化数据来源与指标选择

由于气候和气象数据存在较大的随机性，在时间轴上的样本越多越能反映其变化趋势。各代表县、市统计资料中的气候资料或参差不齐，或统计资料中的时间段过短，所以在对粤西北部地区气候变化趋势的研究主要采用历年《广东农村统计年鉴》中"粤西北"的相关统计。这一年鉴中的"粤西北"以研究区域内肇庆市的高要县级市的气象资料为代表，而气象灾害资料则可通过肇庆市、云浮市两地的农作物受灾面积的加和来反映。

（3）粤西北部气候变化趋势及其对种植业景观的影响

根据对气候变化对种植业影响的研究，关键气候指标包括年平均气温、年降水量和年日照时数 [153—155]。如图 5-14 所示为 1957—2012 年间"粤西北"这些指标的变化趋势。

在粤西北部，年平均气温呈每年波动上升约 0.02℃的趋势，每年约上升 0.02℃；年降雨量和年日照时数则呈波动下降趋势，变化幅度相近。从 3 项统计数据趋势线的 R^2 值可见，气温的变化趋势最为稳定，而降雨量的减少趋势随机性最大。

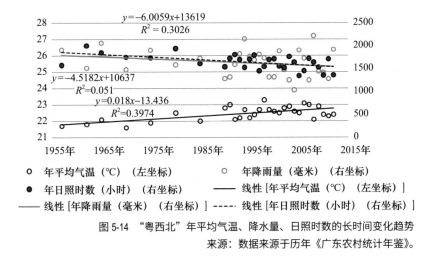

图 5-14 "粤西北"年平均气温、降水量、日照时数的长时间变化趋势
来源：数据来源于历年《广东农村统计年鉴》。

图 5-14 中的指标表明，气温持续上升，意味着热量增加 [153]，年降雨量减少趋势对农作物景观增强了轻微的脆弱性 [156]，而年日照时数的降低可能与工业污染有关 [157]。

已有研究表明，气候变化对种植业的影响较多，如气温上升可导致播种期延后和复种指数提高，但也可能加重害虫问题 [155,158]。在本研究的县域和 5 年左右时间尺度内，气候变化主要影响是气温上升导致农作物的种植高度提升 150m[158]，这使得丘陵、山地为主导的粤西北部地区县域在果林种植面积扩大和更高海拔区域的耕地开垦成为可能。

（4）粤西北部气象灾害震荡

对肇庆市和云浮市两地的农作物受灾面积进行加和，作为粤西北部地区的气象灾害震荡的代表数据，将数据整理后如图 5-15 所示。

由图5-15可见，在研究时段内粤西北部地区的气象灾害对种植业景观的影响趋向于减少，且影响的随机性较大。

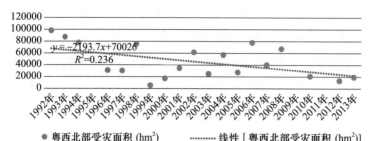

图5-15　粤西北部地区研究时段内农作物受灾面积变化趋势
来源：历年《广东农村统计年鉴》。

虽然从受灾面积的数据来看，气象灾害震荡对于种植业景观的影响趋于减弱，然而根据近年来的新闻，怀集县和德庆县都频繁遭遇特大暴雨洪灾。[①] 说明在气候变化过程中，近年来强度大、持续时间长的特大气象灾害更为频繁地出现。

综合以上对于粤西北部的气候变化趋势和气象灾害震荡的变化趋势分析可知，整体而言，粤西北部的种植业景观在所处的气候、气象变化的脆弱性背景中处于有利的地位，不仅有利于种植业景观的功能输出，还有利于其在面积上的扩张。

5.3.4.3　持续扩大趋势中果林景观变化驱动力分析

（1）粤西北部果林景观的增加趋势

根据《广东统计年鉴》数据，将肇庆市和云浮市的果林景观面积和种类构成合并整理后如图5-16所示，可见粤西北部果林景观在研究期间持续增加，柑橘橙果林在1992—2012年间呈波动上升趋势，在2007年和2012年已成为主导果林类型。

---

① 怀集县在2013年、2014年两年连续遭遇50年一遇的特大洪灾，具体见网址http://www.chinanews.com/gn/2014/05-23/6207428.shtml 和 https://baike.baidu.com/item/2013%E5%B9%B4%E6%80%80%E9%9B%86%E7%89%B9%E5%A4%A7%E6%9A%B4%E9%9B%A8%E6%B4%AA%E7%81%BE/18783491?fr=aladdin；德庆县则在2008年和2016年遭遇特大暴雨，具体见网址http://news.sina.com.cn/c/2008-06-27/021915823935.shtml 和 http://www.sun0758.com/zq/minsheng/121743.html

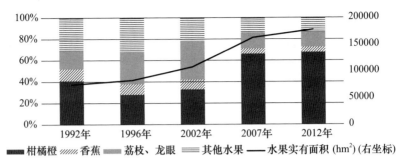

图 5-16 粤西北部地区果林景观面积变化及构成
来源：历年《广东农村统计年鉴》。

将 3 个代表县域的 5 个年份的果林面积数据与耕地面积数据整理后如图 5-17 所示，可见相比于减少的耕地景观，果林景观在研究期间呈较大幅度增长，尤其是后两个阶段呈明显的持续增长趋势。

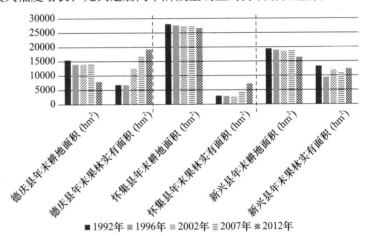

图 5-17 代表县年末各阶段年末耕地实有面积与果林实有面积比较[①]
来源：历年《广东农村统计年鉴》。

在果林景观构成上，根据《广东农村统计年鉴》的统计数据，将代表县的果林面积类型分别整理后如图 5-18~ 图 5-20 所示。可见 3 个代表县的果林类型存在差异：德庆县和怀集县主要为柑橘橙果林，呈波动下降后上升趋势，次之为香蕉、荔枝；而新兴县则以荔枝、龙眼果林为主，其次为柑橘橙。这 3 个县的果林构成堆积图显示柑橘

① 由于耕地面积的统计口径在 2007 年前后发生变化，新口径中的常用耕地与此前的统计口径较为连续，故 2007 年及 2012 年的统计采用年末耕地面积进行预果林面积的比较。

157

橙、龙眼和荔枝间呈现此消彼长的关系，柑橘橙果林在第一、第二阶段为新兴县主导果林，后两个阶段德庆县和怀集县的柑橘橙果林成为主导，而新兴县的龙眼、荔枝果林显著减少。

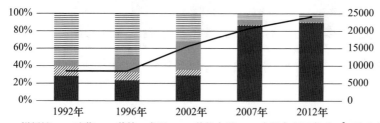

图 5-18 德庆县果林景观面积构成百分比堆积图
来源：历年《广东农村统计年鉴》。

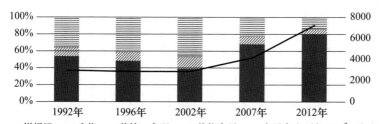

图 5-19 怀集县果林景观面积构成百分比堆积图
来源：历年《广东农村统计年鉴》。

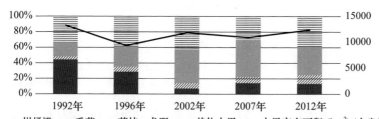

图 5-20 新兴县果林景观面积构成百分比堆积图
来源：历年《广东农村统计年鉴》。

（2）果林景观变化因素分析

粤西北部地区县域的果林景观增加趋势是多种因素相互作用的结果，接下来将逐一对这些驱动因素进行分析。3 个代表县中德庆县和怀集县的变化更为突出，研究区域内以柑橘橙果林为主导，因此以柑橘橙果林景观的变化驱动因素为重点。

①气候因素。该地区水果主要以露地生产为主（非大棚），尤其以柑橘橙为主。此前分析中提到的气温上升有利于柑橘橙的种植海拔提高。在过往我国适合柑橘橙种植的气候综合性风险度变化研究中，粤西北部地区的柑橘橙景观的气候风险度趋势为弱下降型[156]，说明柑橘橙种植的生计策略在该区域顺应气候变化趋势，气候因素成为柑橘橙果林景观扩张的基础性驱动因素。

②地形因素。粤西北地区多为丘陵和山地，凹陷的地形在白天由于强烈日照而温度急升，夜间地面又因冷气流下沉、散热快，导致昼夜温差大[159]，这使得水果在白天的光合作用下正常发挥，而夜晚的低温则抑制了呼吸作用。这样的地形环境因素有利于水果甜度的提高，从而促进果林景观的扩张。

③政策因素。第二至第四阶段，市级①和县级政府②都提出了大力发展柑橘橙果林的政策。辛岭对德庆县政府在柑橘种植业生产中的作用进行研究，认为地方政府政策对柑橘橙业的规划、基础设施建设、市场开拓、科技推广、信息化建设等各个方面起到了不可替代的作用[160]。可见，政策因素对柑橘橙果林起到了关键作用——更为细致、具体的政策则有着更为直接的效果。

④市场因素。随着居民生活水平的提高，柑橘橙类水果的需求增长。粤西北部主导的柑橘橙类水果还在出口中具有较强的出口竞争优势[161]。国内和国际上市场对柑橘橙类的需求不断增长的趋势下，SLA框架里脆弱性背景中的价格周期性因素有利于粤西北部县域的水果生产。

⑤经济因素。在以上多种因素的基础上，柑橘橙的种植对农民来具有吸引力。农民为了寻求更好的生计，加大对果林和柑橘橙的投入以获取更丰厚的回报，这也造成了粤西北地区形成的柑橘橙种植产业集群化，促进了果林景观的增加。

---

① 《肇庆市农业发展"十一五"规划》中提出"大力发展我市名优水果生产，到'十一五'期末达到110万亩，其中优质柑橘达到65万亩……"

② 德庆县2003年政府工作报告中提出"引导和鼓励农民发展皇妃贡柑、砂糖橘……年内形成10万亩柑橘……"；2005年政府工作报告中提出"大力扶持农业龙头企业……壮大柑橘龙头产业……"；怀集县2009年政府工作报告中提出"争取年内新发展柑橘类水果3万亩……"

（3）果林景观变化驱动力分析

由上面对各果林景观变化因素的分析，可将果林景观变化在 SLA 框架下的驱动力整理后如图 5-21 所示。可见，改变果林景观的面积和结构的主体是农民，利用改变后的果林景观获利的也是农民，因此，除了国有的果林景观外，其他的果林景观在面积和结构上发生改变是农民改变其生计策略的行为。

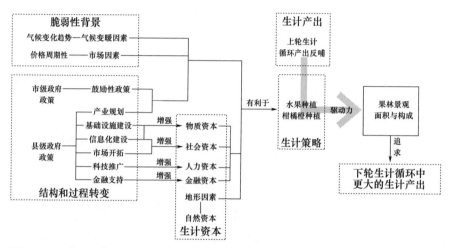

图 5-21　SLA 框架下的粤西北部县域果林景观变化驱动力分析
来源：作者绘制。

如图 5-21 所示，此前提到的脆弱性背景中的气候变暖因素、市场因素，加上各代表县在自然资本中有利于提升水果质量的山地地形，以及结构和过程转变中的市级政府鼓励政策和县级政府的产业规划，都直接有利于农民选择种植水果、种植柑橘橙的生计策略；而县级政府的多方面政策和行为间接促进了农民的物质、社会、人力、金融资本的发展，间接有利于他们选择果林种植的生计策略。在多方面直接或间接的因素作用下，农民使用已有的生计产出进行反哺至生计资本时，推动生计资本中的果林景观面积的扩大和结构上的转变，以谋求下一个生计循环中更大的生计产出。

5.3.4.4　政策—经济影响下农作物景观变化驱动力分析

（1）粤西北部农作物景观变化趋势的分析方法

粤西北部的气候条件导致农作物景观的生产功能周期不同于果

林，多为一年多造，加上技术、资本等投入因素，对耕地使用强度的复种指数不断提高。农作物景观的生产周期缩短提高了耕地利用效率，是农作物景观变化的特点之一。此前分析过代表县的农作物景观所依赖的耕地景观持续下降，但无法体现农作物景观变化周期缩短的情况，为了更准确分析农作物景观的变化趋势，选用耕地数量和农作物播种面积两方面数据探讨其面积和结构的变化。

过往对农作物播种面积结构大多采用"粮经比"，即粮食作物播种面积和经济作物播种面积的比例，然而这一概念对经济作物的划分模糊[162]，且各地的统计口径没有统一[163]。因此，采用分析方法时将农作物播种面积分为粮食作物和其他作物。

（2）粤西北部代表县农作物景观变化趋势

由上述分析方法，对不同口径农作物景观面积的统计数据进行整理，并形成3个代表县的农作物景观数量与构成图表，如图5-22~图5-24所示①。

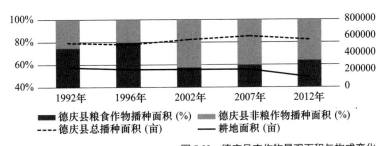

图 5-22　德庆县农作物景观面积与构成变化

来源：《广东农村统计年鉴》《肇庆统计年鉴》《云浮统计年鉴》。

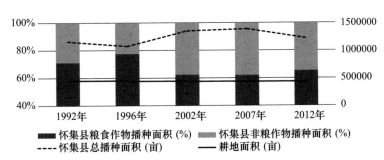

图 5-23　怀集县农作物景观面积与构成变化

来源：历年《广东农村统计年鉴》《肇庆统计年鉴》《云浮统计年鉴》。

①　这3张图中的耕地数据来自《广东农村统计年鉴》，由于统计口径差异，2007年和2012年采用常用耕地数据。

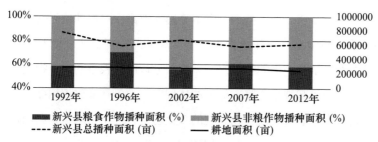

图 5-24　新兴县农作物景观面积与构成变化

来源：历年《广东农村统计年鉴》《肇庆统计年鉴》《云浮统计年鉴》。

可见研究时段内代表县种植业景观的总播种面积和结构呈现两种态势：德庆县与怀集县相近，总播种面积上整体呈波动上升的趋势，而播种面积的结构上则由 2002 年的 20%~30% 较大幅度增加至 40%；新兴县与另外两个代表县不同，总播种面积上呈现波动下降的趋势，而构成上非粮作物的播种面积持续保持在 40% 左右。

对 3 个代表县的农作物景观面积和构成的分析中发现，农作物总播种面积的变化与其结构以及耕地面积有一定的关系。图 5-22~ 图 5-24 中，3 个代表县农作物播种面积的变化在绝大部分阶段都基本符合一个规律，即一旦粮食作物播种面积的比例升高，则总播种面积下降，这是由于粮食作物的生产周期整体较非粮作物的生产周期长[164]。而第四阶段耕地景观数量的减少也是导致作物播种面积下降的原因，最为典型的是德庆县。

（3）农作物景观变化因素

与果林景观类似，粤西北部地区的农作物景观变化也受多种因素影响，但主要由政策和经济因素引导。以下分析各农作物景观变化的主要因素。

①经济/市场因素。改革开放以来，随着生活水平的提升，人们对多样化农产品的需求增加，不仅仅局限于粮食，加上 2001 年我国加入世界贸易组织后，粮食自给率逐渐下降，市场需求的多样性促使农作物景观结构发生变化。同时，非粮食作物生长周期短，利用耕地的复种指数高，且一些非粮食作物的经济效益相对较高，据 2006 年《全国农产品成本收益资料汇编》整理得到的表 5-4 可见，单位面积耕地生产稻谷的利润略低于油料，还大幅低于蔬菜、棉花等。市场需

求的转变以及经济效益的影响共同导致农作物景观结构向非粮食作物倾斜。

表 5-4 我国若干农作物每公顷成本收益比较 [①]

	产量/千克	产值/元	成本/元	利润/元	利润率/%	现金成本/元	人工成本/元
稻谷	431	686	493	193	39	274	185
棉花	75	1123	792	331	42	339	397
蔬菜	3412	3351	1744	1607	92	991	753
油料	393	570	369	201	55	177	157

来源: 国家发展改革委价格司《全国农产品成本收益资料汇编——2006 年》。

②政策因素。不同层面的政府文件鼓励增加经济作物的种植面积,例如"粮经比"的调整要求政策,但也要求保障粮食产量,这导致一些时段内农作物景观结构表现出波动反弹,这主要源于市级和县级政府为了贯彻"粮食安全"战略性政策,因此对经济作物种植面积比例、促进农民增收,都要以"保证粮食产量"或者"保证粮食种植面积"为基础。

③人口因素。第 2 章分析中提到粤西北地区县域的人口趋势脆弱性相对较低,但在国家新型城镇化战略等政策背景下,县域的脆弱性还将处于增加的趋势。根据蔡昉的研究,经济作物种植的劳动力投入是粮食作物的 2~5 倍(表 5-4 中的人工成本亦有所反映),加上投入耕地面积小,使经济作物较难采取机械化种植 [165]。因此,虽然经济作物种植能为农民增收,但是劳动力的稀缺成为限制农作物景观结构变化的重要因素。

④气候因素。与对果林景观影响相同,气温上升扩大了可耕种区域的海拔高度,同时延长了农作物的生长周期,为增加播种面积创造了条件。

⑤技术因素。前文的分析中已提及随着技术的发展,种子概率、机械化,以及化肥、农药等的使用,使农作物总播种面积不断增加。

---

① 表中油料为两种油料作物的平均数。

（4）农作物景观变化驱动力分析

由上述的各方面因素作用的分析，可见粤西北部代表县农作物景观的变化也受到多方面的因素所共同作用。在 SLA 框架下将各因素对农作物景观的影响整理后如图 5-25 所示。

与果林景观相同，在 SLA 框架下，除了国有农场的农作物景观，改变农作物景观的主体以及通过其获益的主体都是农民。由图 5-25 可见，脆弱性趋势中的气候变暖因素和技术因素整体有利于生计策略中的农作物总播种面积的增加，脆弱性趋势中的经济 / 市场因素与结构和过程转变中的各级政府的"增大经济作物种植比例"政策有利于生计策略中的非粮作物播种，而人口因素和政府"保持粮食作物产量 / 面积"的政策则有利于粮食作物播种。虽然图 5-25 中没有明确表示，但粮食作物与非粮作物的种植存在着"此消彼长"的竞争关系，每个有利于其中一种景观的因素都不利于另外一种景观，在各代表县的农作物景观结构变化中，这两者间的关系存在着持续的波动，这种波动正是由各类因素相互作用导致的。在各种因素的作用下，生计循环的主体——农民不断地改变生计策略，通过此前的生计产出反哺至生计资本，改变其中的农作物景观，以在下一轮生计循环中寻求更大的生计产出。

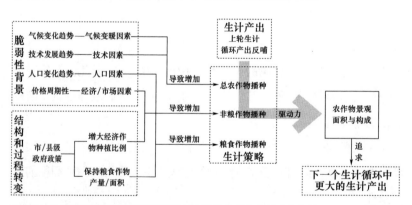

图 5-25　SLA 框架下的粤西北部地区县域农作物景观变化驱动力分析
来源：作者绘制。

由图 5-25 的分析可知，推动农作物景观变化的驱动力主要受到政策等多方面的驱动力影响，然而其中政策和经济是其中最为重要的两方面因素。这两方面因素的作用相互拉扯形成的合力，主导了粤西北部代表县的农作物景观变化趋势。

5.3.4.5 种植业景观变化驱动力分析的小结

由以上在可持续生计方法框架下对果林景观、农作物景观变化的驱动力分析中可以看到，果林景观和农作物景观的面积和构成变化受到多方面因素的复杂影响。然而，两类景观变化的驱动力的最主要不同之处在于，果林景观的结构变化更主要受到市场的因素影响，柑橘橙果林成为其中的压倒性主导型景观，背后有着多方面有利于该类景观变化的影响因素；相比之下，农作物景观的结构变化由于受到宏观的保持粮食政策所影响，粮食作物景观仍然保持十分高的比例，而在这一过程中两方面景观都受到多方面有利因素的影响，因此表现出波动的状况。

5.3.5 基于实地调研的农宅景观空间变化模式驱动因素分析

农村住宅新建导致居民点扩张，积少成多地对更大尺度的景观格局有着重要影响。在第 4 章的城乡发展背景分析中，图 4-1 表明，自改革开放以来我国农村新建住宅面积呈现多个波峰式的增长，导致 2007 年时，农村居民点用地规模已达城镇建设用地的 6 倍以上 [26]。因此，农民住宅的增加对县域景观产生了重大的影响。

不同于前面探讨的建设用地景观变化，农村住宅变化主要是"由下而上"推动，依靠村民或自然村自主推动的景观变化，因此这些更多由个人参与所推动的景观变化过程具有多样性和复合性。例如图 5-26 中的图 a 和图 b 分别是怀集县冷坑镇的两个自然村，图 a 的建设用地与耕地明确分离，而图 b 则呈混合状态，可见住宅景观空间变化的多样性，而这种多样性则是景观局部变化中的空间模式，即相同或相近景观要素组成的景观格局变化过程中不同的空间排列和组合方式。Richard T.T. Forman、肖笃宁、李诚等对景观空间局部变化的空间模式已做了一些研究，认为在自然过程和人类无计划活动作用下存在着四种景观要素增加模式，即扩散式、廊道式、边缘式和填充式，不同模式对景观格局中的连接性、生境丧失和孤立程度有着不同程度的影响 [83,144,166]。考虑到个人行为在农村住宅景观变化中的主导地位，例如图 5-27 中的案例，一个自然村同时存在边缘式、廊道式、扩散式和填充式变化，可见住宅景观空间变化模式的复合性。

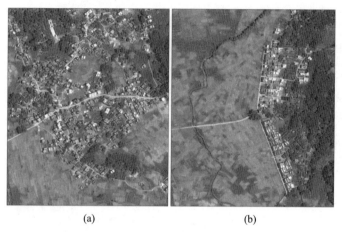

(a)   (b)

图 5-26　怀集县相隔 500m 的村中完全不同的农宅景观格局
来源：谷歌地球遥感影像。

由于农村住宅景观变化的"由下而上"特点，村级尺度上表现出多样性和复合性，本节将尝试使用可持续生计方法框架，对村级尺度上住宅景观空间变化模式的驱动力进行解析。

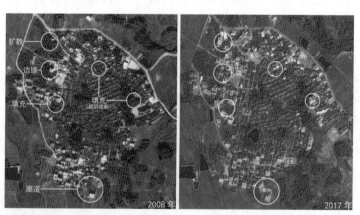

图 5-27　新兴县六祖镇上流村住宅景观变化过程的复合性
来源：作者绘制。

5.3.5.1　研究时空尺度、研究方法及案例选择

（1）研究空间尺度

在此前章节中的县域尺度上难以对农村住宅景观的驱动力进行分

析，本节对于建设用地景观中农村住宅景观空间变化的分析将在一个或几个自然村的局部尺度上进行。本节将借助"91卫图助手"软件获取谷歌地球数据源的高精度航拍图（0.5m/像素），同时直接通过人工识别来对村级的住宅景观变化过程模式进行已开展村级尺度的研究，不再使用 ENVI 软件进行解译。

（2）研究时间段

由于"91卫图助手"软件可获取的 0.5m/像素的谷歌地球高精度航拍图的年份有限，3个代表县仅有极少区域可获取 2008 年的数据，其他区域大部分为 2010 年以后不定年份的航拍图，因此本小结的研究时间段将不遵循此前章节的研究时段，对村级农村住宅景观空间变化模式分析的研究时段将遵循各个案例中可获取的高精度航拍影像而定。

由于本小节的研究跳出此前的研究时间段的限制范围，即主要集中于 2010 年以后，所以需要注意在 2010 年以后，政策、法律等对于耕地的保护和控制都已经在较为严格的阶段。

（3）景观要素分类细化

在此前的研究中，受县域尺度和航拍影像精度的限制，对景观的分类主要分为建设用地、耕地景观、林地景观、未利用地、水域景观。在高精度航拍影像的支持下，以及对农村住宅景观空间变化模式进行分析的需求，本小节对建设用地的景观要素类型进行更为细致的划分，即二级分类，其中建设用地包括楼房景观、传统民居景观和道路景观。建设用地的具体二级分类如图 5-28 所示。

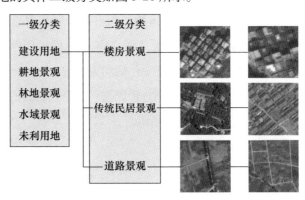

图 5-28　村级尺度的建设用地二级分类及对应高精度航拍影像
来源：作者绘制。

（4）研究方案

对景观变化驱动力进行分析的要点在于社会经济数据等信息与景观空间变化信息相对应。因此，对于村级农村住宅景观空间变化模式的驱动力分析研究方案主要体现在两方面：一方面是通过高精度的航拍影像对农村住宅景观的变化过程模式进行分类和分析；另一方面，则是基于SLA框架通过实地调研、访谈等方法来收集对影响农村住宅景观变化过程模式的因素的相关信息。将各方面因素的相关信息与住宅景观变化过程模式相联系，基于SLA框架，分析得到形成各种景观变化空间过程模式的影响因素。

（5）案例选择

本节案例分析基于3个代表县，代表县域县中的丘陵和山地占据大部分面积，然而在这些地形区域的自然村人口较少且住宅景观变化不显著，而各代表县的平原地区村落的住宅景观变化更为活跃，因此案例选择主要集中在平原地区。

怀集县的案例选点主要集中在县城西北区域的冷坑镇，该镇是怀集县域内面积较大、人口较多、耕地保存较多的镇之一。此外，冷坑镇是重点镇、中心镇，与怀集县的产业策略相吻合，因此被选作分析农村住宅景观变化的案例。

德庆县的案例选点基于地形，主要在官圩镇和马圩镇。这两个地区是德庆县平原地形的集中区域，且为该县的重点镇。

在新兴县的自然村案例选点中，由于新兴县六祖镇人民政府在作者调研中提供了该镇的《六祖镇土地利用总体规划图（2010—2020）》（图5-29），因此，以六祖镇的自然村作为案例，以对比土地利用规划对农村住宅景观变化的约束状况。

综上所述，本节案例分析涵盖了3个代表县的自然村，最终选定的自然村案例如图5-30所示。

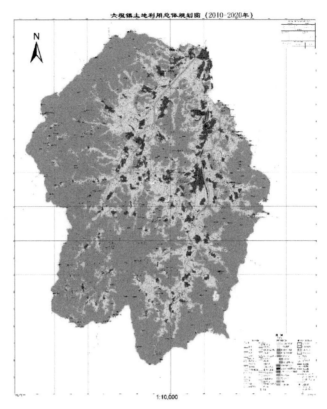

图 5-29　六祖镇土地利用总体规划图（2010—2020）
来源：新兴县六祖镇人民政府。

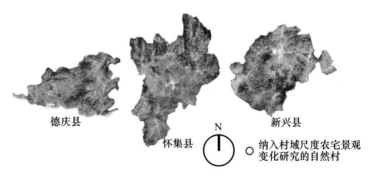

图 5-30　代表县纳入村级尺度住宅景观空间变化研究的自然村案例分布
来源：作者绘制。

5.3.5.2　农宅景观空间变化模式驱动力分析框架

基于 SLA 框架，通过航拍影像分析、现场调研和访谈，提出了如图 5-31 所示的农村住宅景观空间变化模式的驱动力分析框架。这个框架关注住宅景观空间变化中的村民个人行为，围绕 SLA 框架下的人口趋势、生计反哺、社会资本、自然资本、物化资本、结构与过程转变等多个方面展开。与之前的种植业景观变化驱动力分析框架相比，图 5-31 中的框架在社会资本和结构与过程转变方面更类似于流程图，类似于农村住宅建设的必需程序，而物化资本和自然资本则与社会资本并列，都影响了住宅选址，从而影响住宅景观空间变化的过程模式。

然而，这个框架在解释能力上存在一些局限性。农村住宅建设作为个人行为有着多样性和复合性，虽然图 5-31 中的框架在局部自然村层面已经有解释能力，但在整个自然村层面仍然有一定的局限性。因此，本节中使用案例更多地强调图 5-31 框架中各个部分在局部自然村或多个局部区域的讨论，而不是完整自然村或多个自然村的整体情况。

图 5-31 中的框架显示农村住宅景观空间变化模式受多种因素影响，强调人口趋势和生计产出反哺是该类景观变化的根本动力。住宅建设类型受到了城市文化的影响。合法的新批建设用地指标在框架中起着关键作用，导致不同的景观变化模式：拥有新批建设用地指标的自然村可能在社会资本和村规民约下，在指标用地上形成填充式的景观空间变化模式；对没有新批建设用地指标的状况，呈较为复杂的局面，受传统文化和公共景观等的影响，可能通过集体建设导致边缘式或沿道路的廊道式的景观空间变化模式，或是通过个人建设出现对原有建设用地范围内进行填充式甚至在私人承包的耕地上进行扩散式的住宅建设。接下来将对框架中的各个部分进行论述。

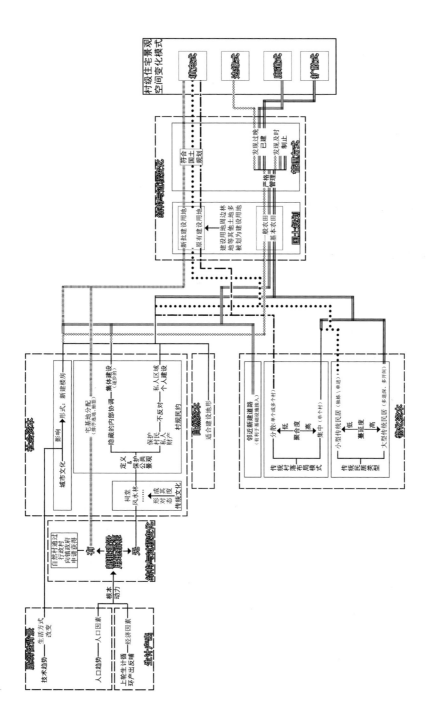

图 5-31 村级住宅景观空间变化驱动力分析框架

来源：作者绘制。

5.3.5.3　驱动力分析框架下的各驱动因素分析

（1）根本动力——人口趋势与生计产出反哺

农村住宅景观的变化的根本动力在于人口因素与经济因素，这两点在第4章中对粤西北部地区县域所处的城乡发展背景分析中已有阐述。在第4章中，对粤西北部各县的户籍人口和非农人口比例方面的数据做过分析。根据历年的《广东农村统计年鉴》可知，粤西北部地区县域的户籍人口还在持续呈上升趋势，而非农人口比例在大部分县都没有出现快速增长的趋势，甚至还有不少县域出现非农人口比例下降的逆城镇化趋势。这种户籍人口上表现出的增长以及逆城镇化趋势推动了农村住宅景观的增加。另外，在对生计产出反哺的机会成本探讨中提到，由于缺乏反哺至生计资本的渠道，导致农村住宅与常住人口减少不相匹配的增长（图4-1），因此，生计产出反哺过程与人口趋势相独立，与人口趋势共同构成了农村住宅景观变化的根本动力。

（2）城市文化与技术发展导致的楼房新建

我国乡村传统住宅多为单层、坡屋顶、多有院落、就近取材建造而成民居建筑，而从20世纪中期开始，随着钢筋混凝土结构的推广，农村已兴起建造楼房作为住宅[167]。王建华认为这种转变一方面是由于农村居民生活水平的提高和生活方式的改变，另一方面是农村居民对城市住宅的偏好[168]。在本小节的基于SLA框架的研究框架中（图5-31），农村居民新建楼房的现象是脆弱性背景中的技术发展趋势和社会资本中的城市文化是上述两点更为深层的影响因素：技术的发展和推广促使农村居民的生活方式改变；农村居民对于城市文化的向往导致他们对城市住宅的偏好。因此，如图5-31所示，脆弱性中的技术发展趋势和社会资本中的城市文化使农村住宅景观的基本单元的特点发生巨大的改变——由单层变为多层（航拍图上产生更大面积的阴影，图5-28）、坡屋顶变为平屋顶、院落消失等。

（3）村规民约中的宅基地分配制度

在图5-31的框架中，新批的宅基地由各个自然村通过行政村向镇政府申请获得；在获得后，对于宅基地实施分配就由各个自然村按照各自的村规民约进行分配。在作者对 3 个代表县的村落实地调研过程中，通过对不同自然村村民的访谈，主要存在两种不同的由村民小组组长（自然村的负责人）组织的宅基地分配方式：一种为完全的抽签形式；另一种为村民随机抽取序号，再按序号依次选择宅基地。按此两种方式分配宅基地后，村民可以私下商议并交换宅基地。

在村规民约下的宅基地分配制度作用下，村民获得了宅基地的使用权，但因村民们家庭经济状况、每户人口变化参差不齐，因此在拥有的宅基地上建设住宅的个人行为在时间上可能产生较大的差异，导致在新批宅基地上的景观空间变化过程呈现一种随机性，而不像城镇建设呈现出各个局部整体发生规律性的变化。如图 5-32 中的案例所示，不同时间点的航拍图中，新批宅基地上楼房呈随机性出现。

图 5-32　新兴县六祖镇夏卢村宅基地中不同时间段的住宅景观变化

来源：谷歌地球。

（4）传统文化与村规民约协同作用下的公共景观定义与保护

虽然乡村的传统文化在城市文化的冲击下日益没落[169,170]，然而，乡村的传统文化并未彻底消失，在村规民约共同对村级尺度的建设用地变化产生着影响。

乡村聚落景观中，最能够反映传统宗族关系网络的建筑就是宗祠。以粤西北部 3 个代表县中的自然村案例来看，各代表县存在差异，并非所有的村落都建有祠堂，但在修有祠堂的自然村中，大部分宗祠在建筑群中具有统领性的地位，一般在建筑群的中轴线上，其余民居单体须与祠堂保持同一方向。

在 3 个代表县中自然村案例的近年航拍图中，虽然受城市文化冲击，楼房住宅建设犹如雨后春笋般地冒出，但是在楼房丛中，绝大部分的祠堂基本都保留下来，而且还出现了诸多例如图 5-33 所示的祠堂翻新，屋顶改为琉璃瓦，但平面的形制依然不变。

图 5-33　怀集县冷坑镇白屋村祠堂翻修
来源：作者绘制。

图 5-34　怀集县冷坑镇六桥村新建楼房为与祠堂同向而打破规则耕地
来源：作者绘制。

除了对宗祠的维护和翻修，在传统文化的影响下，研究区域内有些自然村的楼房住宅选择与祠堂同向，图 5-34 中是一个较为典型的例子。图 5-34 中，六桥村的楼房住宅部分与传统村落相连，形成边缘式地向耕地景观扩张。这部分楼房与祠堂同向，这与大部分的自然村案例类似，而在祠堂前方的农田中，形成了多处扩散式楼房，这些楼房虽已脱离了主要片区，但为与祠堂朝向保持一致，甚至不惜打破耕地的划分方向。作者曾亲自向当地村民求证后确认，这些楼房就是为了与祠堂同向，可见传统文化的作用对住宅景观变化的影响。

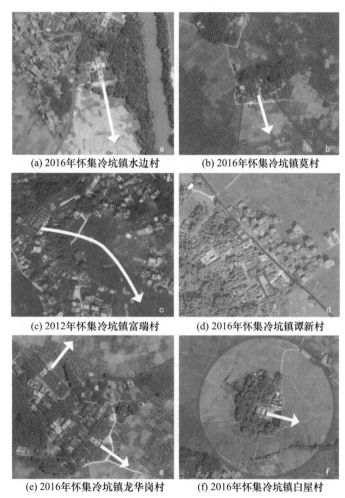

(a) 2016年怀集冷坑镇水边村　　　　(b) 2016年怀集冷坑镇莫村

(c) 2012年怀集冷坑镇富瑞村　　　　(d) 2016年怀集冷坑镇谭新村

(e) 2016年怀集冷坑镇龙华岗村　　　(f) 2016年怀集冷坑镇白屋村

图 5-35　以祠堂为中心所形成的不同公共景观区域
来源：作者绘制。

图 5-31 的框架中，传统文化使村民对祠堂，乃至祠堂后的风水林及其周围的传统民居形成不同的态度，村民的这种个人对传统文化的态度形成集合，通过村规民约来界定村中的公共景观；与此同时，村规民约起到了保护公共景观的作用，禁止住宅景观向公共景观区域蔓延。

然而，乡村地区作为城乡文化激烈碰撞的区域，其村民对传统文化的认同程度参差不齐导致村规民约所界定和保护的公共景观形成多种多样的差异。在此，选择怀集县中的 6 个拥有祠堂且祠堂两侧围有传统民居建筑的案例组成如图 5-35 所示，各图中色块代表着由私人楼房住宅景观对以祠堂为核心的公共景观进行分割的区域，可见各村对祠堂为核心的公共区域的差异。

（5）村规民约下的违章建设——个人行为与集体行为

图 5-31 的框架中，在没有新批用地指标的情况下，村民可能会在享有土地利用保护的耕地上建设房屋。关于土地利用规划对建设用地的划定以及国土部门对违章的管理将在下一个小节中讨论。此处讨论的是村规民约作用下存在的两种违反耕地保护法规且专门在耕地上进行的，分别由个人行为和集体行为主导的模式。

上文中论述了村规民约会保护公共景观，此外村规民约还保护着村民们的私人财产和半私人财产——耕地①。村规民约中对（半）私人财产的保护意味着排他性，即有新建住宅需求的村民在没有获得宅基地分配时，既不能在公共景观区域建房，也不能在其他村民承包的耕地上建房，但是，不反对（或不强烈地反对）村民在自己承包的耕地上建房。由图 5-36 中案例可见，部分以扩散形式的住宅建设侵占耕地，都严格遵守耕地的划分线。在土地利用规划和国土部门的管理中，耕地是重要的公共资源，需要严格管理，而在村规民约下，不够清晰的产权导致耕地相对非常容易被侵占。

---

① 我国的产权结构下，耕地的所有权属于集体，村民长期拥有的只是自然村分配的耕地的使用权，因此，耕地只能算是村民的半私人财产。

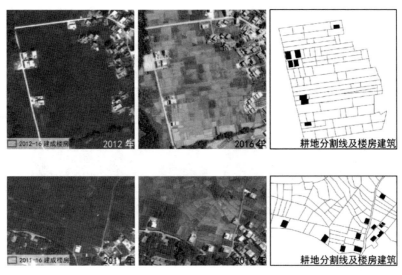

图 5-36　个人行为下楼房建设遵循耕地划分线
来源：作者绘制。

　　在本节许多的研究案例中，存在着村民在耕地上进行集体住宅建设的情况，因此使多数的住宅景观依然成紧凑的、规则的布局，其最终形成的景观格局甚至与新批建设用地上有所规划的住宅景观格局有所类似，即大多数住宅规则、紧凑地彼此相邻，然而，在其景观变化过程中却有所区别。此前对新批宅基地中的住宅景观变化过程会呈现一种随机性，如图 5-37 所示，由集体行为引起的住宅景观变化更多的是呈现一种逐层向耕地蔓延的形式，与新批宅基地中大范围的随机变化有着明显的不同。

　　集体行为是由个人需求的集合形成的。住宅建设始终是个人行为，上文对个人行为导致分散的住宅建设讨论中，已提及村规民约对个人耕地这种"半私人财产"的保护。因此，出现图 5-37 中的集体行为所导致的住宅景观变化过程时，其中不可避免地需要村民个人之间在村规民约下进行相互协调。然而作者在实践调研访谈过程中发现，对于这种集体侵占耕地行为，村民们或彼此相互协调，或回避或拒绝谈论，因此这一推断无从实证。图 5-31 的框架中，"隐藏的"内部协调导致逐步的集体住宅建设。另外，这种"隐藏性"切实反映了村民们组成一个小型利益集团时，村规民约对他们的行为乃至住宅景观变化所发挥的作用。

图 5-37　怀集县冷坑镇水边村集体行为下的住宅景观变化过程
来源：作者绘制。

（6）土地利用总体规划和国土部门管理

此前讨论了村规民约对公共景观的定义和保护，然而在以刚性"控制"为目标的《土地利用总体规划》①中并没有考虑自然村村民的集体意愿。通过新兴县六祖镇的《土地利用总体规划》，可对比实际的土地利用与《土地利用总体规划》中的规划。

六祖镇的传统村落都没有公共祠堂，因此没能列举出以祠堂为核心的案例，但由图 5-38 可见，《土地利用总体规划》将传统村落片区、新建楼房片区和其中或周边的树林、水塘等带有公共景观属性的非建设用地，都统一划为了建设用地。由此可见，从土地相关法律来说，公共景观都可以备用以做楼房住宅建设，但村民们是否能够建设，则由村规民约来决定。由此，图 5-38 的框架认为，现状建设用地周边的林地和水域都属于原有的建设用地（相对于新批的宅基地）。

_____

① 《中华人民共和国土地管理法》第十六条明确规定："省、自治区、直辖市人民政府编制的土地利用总体规划，应当确保本行政区域内耕地总量不减少。"

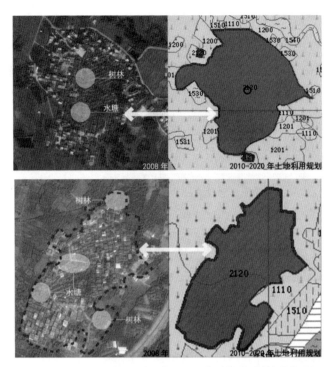

图 5-38　自然村的遥感影像与《土地利用总体规划》对照
来源:《六祖镇土地利用总体规划（2010—2020)》，作者整理绘制。

　　《土地利用总体规划》属于法定规划，尤其是占用耕地的建设行为受到国土部门的监管。根据对县级政府工作人员的访谈，对农村住宅占用耕地的行为主要靠每半个月左右一次的卫星航拍影像监控，通过航拍与《土地利用总体规划》的对比，执法人员下乡对侵占耕地的区域进行制止。在访谈中，政府工作人员也提及这种管理方式的有效性较低：在执法人员抵达侵占耕地的现场后，如若住宅建设处于较早期的翻土、夯实地基的阶段，即如图 5-39 的 2014 年时，成功阻止侵占耕地建设的可能性很大；然而，如果发现住宅建设已到了搭好部分钢筋混凝土框架的阶段，就无法劝阻了，原因是村民已对建设投入部分是"私人财产"，且土地性质已经被改变，执法人员无法对村民这部分违章的"私人财产"进行强拆，图 5-36 中 2016 年圈出的楼房都是在 2014 年未能成功阻止而建成。

　　与政府工作人员的访谈可见管理人员对农民住宅侵占耕地现象的无奈。结合之前对村规民约中的讨论，住宅侵占耕地不合法规，但并不会不合村规民约。根据新制度经济学中的产权理论，耕地的所有权与使用权分离导致耕地作为一种半私人财产，另一半则是一种半公共财产，产权理论中的"公地悲剧"①，可从一定程度上解释"半公共财产"耕地被侵占，即占公家便宜的现象。此处对于在法规管理下的耕地被侵占情况不再展开讨论，探讨重点在于《土地利用规划》和管理方式都是影响住宅景观空间变化模式的因素。

图 5-39　管理部门未能及时阻止的农宅景观变化
来源：作者整理。

（7）因地形而制宜的楼房建设

地形因素无论对传统民居或是楼房住宅的建设都是重要的影响因素，在 SLA 框架中属于自然资本。过去已有较多的涉及地形与传统民居或新建建筑关系的研究，在此不再深入讨论。

---

① 杨德才[221] 对"公地悲剧"的解释为公地作为一项资源或财产有许多拥有者，他们中的每一个人都有使用权，但没有权力阻止其他人使用，而每一个人都倾向于过度使用，而每个人都知道资源将由于过度使用而损害大家的利益，但每个人对阻止时态的恶化都无可奈何，而此处对于耕地被农宅侵占的过程，一定程度上也体现了其中的"公地悲剧"。

（8）传统村落布局与民居类型

自然资本中对住宅景观空间变化模式的影响是因地形而制宜，物化资本中对住宅景观空间变化模式的影响则是更多因传统村落与民居类型而制宜。此前的分析中，提到了传统文化是村民形成对传统的公共景观的态度，进而以村规民约的手段来保护公共景观。公共景观首先以祠堂为核心，其次最为重要的人工景观则是传统村落中的民居建筑。因此，传统村落和民居建筑可能作为公共景观的一部分而在农村住宅景观空间变化过程中被考虑。此处所讨论的传统村落布局和民居类型，如图5-31中的框架所示，是后文中农村住宅景观空间变化的重要依据。

在图5-31的框架中，传统村落的布局模式分为分散和集中，具体由图5-40中两个相同比例尺度下的案例可见传统村落的布局模式。图5-40按照传统村落的朝向和肌理来划分自然村，红色框范围内为仍保留下来的传统民居范围，红色箭头表示传统民居的朝向。如图5-40（a）所示为村内集中、村间分散；而图5-40（b）中的案例则相反，3个不同朝向的自然村村内有植被、空地、新建楼房填充，各自的布局相对分散，而各自然村之间却距离近且相对集中，使得3个自然村在发展过程中最终形成连片发展。根据以往对岭南区域传统村落的研究，研究区域内的传统村落为适应当地的湿热气候，自然村的内部多采用紧凑、集中的布局模式[171]，图5-40（b）案例中村内的分散，极有可能是民居建筑群中衰败较多，成为未利用地，进而被其他景观类型占据，导致村内布局分散。

图5-40　同比例尺度下村内和村间的集中与分散布局
来源：作者整理绘制。

景观格局指数中的聚集度指数表示斑块分布连续或聚集的斑块程度，与斑块面积大小无关，因此，图 5-31 的框架中，对传统村落布局上的集中和分散描述可用聚集度的高和低来分别代表。

图 5-31 的框架中，传统民居的类型被分为两类：以独栋或单进的传统民居被划为小型传统民居；而多进深、多开间的传统民居组群，被划为大型传统民居。根据在"91 卫图助手"软件中查看粤西北部 3 个代表县中各个案例时，德庆县和新兴县的传统民居以小型为主，怀集县有更多的大型传统民居。由图 5-41 可见，同比例尺度下大、小传统民居的案例对比。此外，图 5-38、图 5-40（a）都为典型的小型民居类型；图 5-35 中的 6 个案例都为典型的大型民居类型。

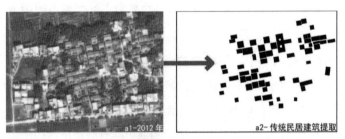

德庆县官圩镇良安村

怀集县冷坑镇高松村

图 5-41　同比例尺度下大 / 小型传统民居建筑的图底关系提取比较
来源：作者整理绘制。

传统村落的布局模式和传统民居的类型都一定程度上反映了过去村落的社会组织形式。当下传统社会资本向现代社会资本转型困难[172-174]的情况下，在村规民约的作用下，集中的传统村落布局中较分散的模式更难以被楼房式的住宅景观填充，而大型传统民居相较于小型传统民居更容易被保护为公共景观。这些传统物化资本都对农村住宅景观空间变化模式产生着影响。

接下来将根据上述讨论过的影响农村住宅建设的因素，对住宅景观空间变化模式进行具体分类并论述。

5.3.5.4　农宅景观空间变化模式的分类论述

如若按图 5-28 中一级的景观分类，建设用地作为一个大类，填充式、边缘式、廊道式、扩散式都是极其简化的景观空间变化模式。然而，上面对农村住宅景观空间变化过程的影响因素已讨论了许多方面，不同影响因素以及它们之间的相互关系导致农村住宅的景观空间变化要复杂于 4 个简化的变化模式，即不同的因素或因素组成可能会导致相类似的模式。如图 5-31 的框架右侧所示，每一条流程线代表一种变化过程，有 3 条流程线可能导致填充式，可以将它们概括为新批宅基地中的填充式、"集中 + 小型"传统村落中的填充式、分散布局中的填充式；边缘式、廊道式和扩散式各有一条流程线可能导致，其中，边缘式和廊道式都更倾向于由村规民约下的集体行为导致形成，而在粤西北部的代表县中，扩散式更有可能是大型传统民居建筑保护所导致。

下面分别对图 5-31 框架右侧的 6 种农村住宅景观空间过程模式进行论述。

（1）新批宅基地中的填充式

由图 5-42 中的图（a）~图（d）可见新批宅基地中的景观空间变化模式。2009 年时，黄色虚线内仍为梯田，2008—2014 年，图（a）中的两条道路内范围被划为宅基地，在 2014 年时已建设了一批农村住宅，2017 年时又有少量随机在黄色范围内建成的农村住宅。另外，前文对驱动因素的分析中，图 5-32 中的新兴县六祖镇夏卢村案例也与这一案例相类似。

由图 5-43 中的案例可见一个有所差别的宅基地中住宅景观变化过程，主要的区别在于案例的宅基地在传统村落前方。

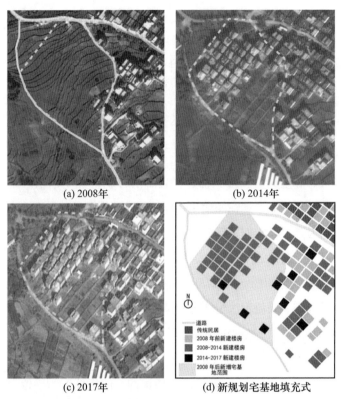

(a) 2008年   (b) 2014年

(c) 2017年   (d) 新规划宅基地填充式

图 5-42 新兴县六祖镇龙山塘村的新批宅基地中的填充式
来源：作者整理绘制。

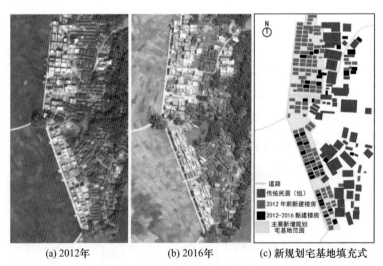

(a) 2012年   (b) 2016年   (c) 新规划宅基地填充式

图 5-43 怀集县冷坑镇社岗村的宅基地范围内的填充式
来源：作者整理绘制。

由对上述案例的说明可以发现，新批宅基地的景观空间变化模式：以道路为框架在整体上划分建设用地和非建设用地的界限，然后村民的住宅在宅基地范围内随机性出现，由稀疏至稠密，直至最终将宅基地填满。在此，本小节下所举的案例的各个时间点宅基地内所呈现出的景观状态，都被视为农村住宅填充式的景观空间变化过程中的一个片段。

虽然类似于图 5-43 中宅基地与传统村落相连的案例也不在少数，在形成的景观格局中，会类似于边缘式的景观空间变化过程，但本小节的研究中最终没有再另外分类，主要因为在两方面与边缘式存在较大的区别：一方面是道路对宅基地范围的划定，这是边缘式不曾出现的；另一方面是此前影响因素中提到的，宅基地范围内住宅景观变化的随机性，而边缘式的随机性更多地具有外部性，即更多、不断地向外部空间侵占。

（2）"集中 + 小型"传统村落中拆旧建新的填充式

"集中 + 小型"即由小型传统民居建筑集中布局所构成的传统村落，拥有这种形态特点传统村落的村子，由于其各栋小型的传统民居仍是各村民的私人财产，公共景观属性较弱，加上集中、紧凑的村落布局以及外部村落外部的法定耕地保护约束，多种因素共同作用下，较容易出现在传统村落内拆旧建新的情形。由于拆旧建新的过程，是将传统民居景观变为未利用地，然后再变为楼房景观的过程，因此，此处将"集中 + 小型"传统村落中拆旧建新划为填充式。如图 5-44 所示即为一个典型的案例，由其中的图（c）可见，传统村落区域范围内出现了大量的拆旧建新式的填充式，这类的数量远大于其他类型的农村住宅景观变化过程模式。

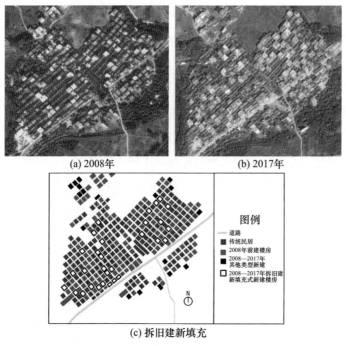

(a) 2008年   (b) 2017年

图例

—— 道路
■ 传统民居
■ 2008年前建楼房
■ 2008—2017年
  其他类型新建
□ 2008—2017年拆旧建
  新填充式新建楼房

N

(c) 拆旧建新填充

图 5-44　新兴县六组镇上江村中拆旧建新式的填充式
来源：作者整理绘制。

（3）分散布局下的填充式

由此前对《土地利用总体规划》对建设用地界定的研究可知，传统村落周边小面积的林地、水域、未利用地多数都被划入建设用地的范畴，因此这类分散式的布局中有着较多的既有的建设用地指标，进而更多在布局中形成填充式。

图 5-45 和图 5-46 中的案例，分别为多个相近的自然村形成的村间分散式布局和一个自然村内的分散布局的情况下的住宅景观空间变化。经实地求证后得知，图 5-45 中 3 个不同朝向的传统民居群分属 3 个不同的自然村；由图 5-45（b）可见不同自然村之间和村内的分散布局中，填充了许多的楼房式的住宅；由图 5-46 可见，单个分散布局的自然村中的填充式，在驱动因素分析中，这类村庄的分散式布局更多可能源于传统民居衰败、倒塌，转为其他类型景观，形成分散式的传统村落布局，进而在其中形成楼房住宅的填充式。

针对粤西北部 3 个代表县的研究案例中，在传统村落的边界上，农村住宅景观以边缘式的空间变化模式扩张为最常见的模式。在此前对村规民约下的集体行为进行了论述，村民们就个人耕地进行协调、调换，形成集体行为，这种集体行为在住宅景观空间过程中形成的后果，就导致了边缘式的空间变化模式。具体案例可见此前驱动因素分析中的案例，如图 5-35（d）、图 5-37 所示。

（4）沿新修道路形成的廊道式

图 5-31 中还有一个重要的影响农村住宅景观空间变化过程的物化资本因素——新修道路。由于沿新修道路建设农村住宅有利于基础设施的接入，还可以将住宅一层架空面向道路作为经营商业的铺面，因此，邻近新建道路的自然村，住宅景观空间变化过程的模式多为道路沿线的廊道式扩张。

出现在村落附近的新修道路大多位于平坦地形处，而这些平坦地形多为耕地景观，因此住宅沿道路形成的廊道式景观空间变化过程中，大多住宅为占用耕地建设所形成。住宅景观沿路在耕地中形成紧凑的廊道性序列，需要村民们协同的集体行为，因此，廊道式是村规民约下的另外一种集体建设行为。

(a) 2011年

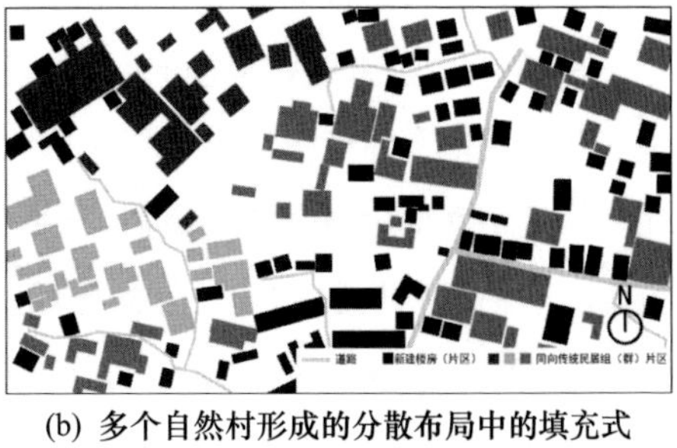

(b) 多个自然村形成的分散布局中的填充式

图 5-45　怀集县冷坑镇双甘村多个自然村分散布局中的填充式

来源：作者整理绘制。

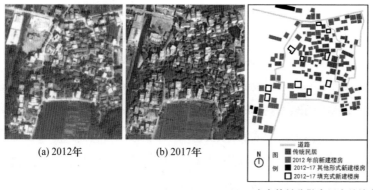

(a) 2012年　　　　(b) 2017年

(c) 一个自然村分散布局中的填充式

图 5-46　德庆县官圩镇五福村分散布局中的填充式
来源：作者整理绘制。

如图 5-47 所示为住宅景观廊道式空间变化模式的典型案例。这一案例中，住宅景观不仅沿主干道呈廊道式变化，在一侧的村道上同样呈廊道式变化。

(a) 2012年　　　　　　(b) 沿路廊道式

图 5-47　德庆县马圩镇胜敢村中沿主干道和村道分别形成的廊道式
来源：作者整理绘制。

（5）大型传统民居建筑和景观保护下的扩散式

在具有大型传统民居建筑组或建筑群以及布局上紧凑的传统村落中，在村民们有建房需求时，村规民约的约束力相对更容易表现出对住宅景观空间变化更强的约束力：由于围绕祠堂而修建的整组民居建筑都更容易被村规民约划为公共景观，因此村民们的个人行为受限，难以在整组民居建筑中将属于自己的其中一间拆旧建新；以祠堂为中心的大型传统民居建筑组群受到保护的同时，周边的风水林等景观也更容易倾向于被村规民约进行一体化的保护，使村民的楼房景观难以被侵占；紧凑的布局导致村民们的楼房景观难以被填充进传统村落的布局。在这种强大的对公共景观约束的村规民约下，村民们的住宅建设更容易以个人行为侵占耕地，形成如图 5-48 所示案例中的扩散式。

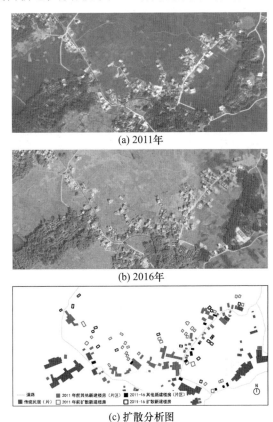

(a) 2011年

(b) 2016年

(c) 扩散分析图

图 5-48　怀集县冷坑镇榄根、俭堆、内塘村扩散式的住宅景观空间变化
来源：作者整理绘制。

（6）农村住宅景观空间变化过程比较

前文分别对图 5-31 框架所归纳的 6 种住宅景观空间变化过程进行了论述，根据各类景观空间变化过程，并整理后形成表 5-5 对各种变化过程的空间过程模式、国土规划下的符合程度、公共景观的保护范围以及村规民约对其的作用进行了比较。

从景观格局的角度对 6 类农村住宅景观空间变化过程进行比较。3 种填充式的景观空间变化过程较其他模式而言，在景观空间变化上最为集约，对大范围区域内的景观格局较好；边缘式和廊道式更多是整体性地向原有建设用地范畴以外的自然、半自然景观区域侵占，形成相对紧凑的布局，集约程度较填充式低，对自然、半自然景观影响较大；扩散式则是住宅景观零散地向自然、半自然的景观区域侵占，对自然、半自然景观的形状、边缘长度等多方面造成负面影响，是对景观格局负面影响最大的景观空间变化模式。

表5–5　本小节框架下6类住宅景观空间变化过程

住宅景观空间变化过程	更倾向于出现的景观空间变化模式	国土规划	公共景观保护范围	村规民约
新批宅基地	填充式	新批建设用地	无关联	分配制度
"集中＋小型"拆旧建新	填充式	原有建设用地	一定程度	个人行为
分散布局	填充式	原有建设用地	一定程度	个人行为
传统村落边缘	边缘式	更多侵占耕地	一定程度	集体行为
沿新修道路	廊道式	更多侵占耕地	无关联	集体行为
大型传统民居和景观保护	扩散式	更多侵占耕地	一般较大	个人行为

来源：作者整理。

5.3.5.5　农宅景观空间变化模式驱动因素分析小结

本小节基于可持续生计方法的框架，通过粤西北部地区代表县域的自然村案例，分析了影响研究区域内农村住宅景观空间变化模式的驱动力，梳理了6类农村住宅的景观空间变化过程。

在对驱动因素和过程分类的梳理中发现，不同时间尺度下各类景观空间变化只是住宅景观扩张过程中的片段。例如，一个时间点可能呈现出单栋扩散的情形，但在另一个时间点，可能出现原有建设用地朝着边缘式而发生变化，最终形成整体上的边缘式景观空间过程。

另外，还需再次强调住宅景观变化始终由个人行为所致，这种根源性原因导致住宅景观在空间变化上呈现多样性和复合性。在案例研究中，即使在一些已有新批建设用地的自然村中同样可能会有住宅建设侵占耕地的扩散式出现，因为由集体申请并分配的宅基地始终有限，村规民约能保证分配中的基本公平，但不能满足所有村民的需求，因此即使新批宅基地中远未建满，有建房需求而没有得到分配的村民仍有可能通过侵占耕地来建房。

5.3.6　政府和企业在农民推动景观变化途径中的引导

农民推动景观变化过程中存在个人行为特点，即具有一定的不可控性。然而，通过对粤西北部 3 个代表县的差异分析发现，县域层面存在着引导农民推动景观变化方向的途径。在德庆和新兴两个代表县域，政府和企业合作为农民提供社会资本，对于农民推动景观变化途径中有着重要的引导作用。

德庆县和新兴县利用各自突出的果林业和养殖业，将农民推动景观变化的方向引向以增加收入为目的的第一产业集约强化和扩大化方向。这种策略在全县范围内具有普适性。与之相对应，第 4 章中提到怀集县缺乏对第一产业的集约强化或扩大化的引导，导致农民更倾向于建造房屋为生计反哺途径，引起了农村居民点的扩张和人工景观扩散。

在可持续生计方法框架下，农业生产的上下游信息和服务应该由农民所拥有的社会资本所提供，而德庆县和新兴县通过政府和企业联合的方式，以降低成本的规模化形式为全县农民的生计循环中增强了社会资本，疏通了农民采用农业集约强化和扩大化策略过程中的信息和服务渠道。

此前提到德庆县政府在柑橘产业的规划、基础设施建设、市场开拓等方面发挥了不可替代的作用，同时，当地还有多家柑橘收购、加工、销售的大型公司以及农民自行合作成立的农资配送公司服务于柑橘种植业的上下游 [146,175]，使得柑橘种植成为农业增收致富的支柱产业 [212]。

新兴县的养殖业则以本地发家的国家级企业——广东温氏集团为主导，在农民的养殖生产上下游方面提供服务，而政府部门则成为相对辅助的角色，在历年的政策文件中提到对"以温氏为依托"在农民中推广"公司＋农户"的养殖业模式的推广，这使"公司＋农户"的契约模式在农村社区中乃至农民与企业间生成了"信念、互惠、信任"的社会资本 [176,177]。

由图 5-49 中的归纳可见，在德庆县和新兴县的特色农业分析中，政府和企业联合为农民提供社会资本，引导农民将生计产出反哺至以追求收入增加为目的的农业集约强化或扩大化的景观变化途径。政府和企业提供的社会资本网络使农民能够获取物化资本（农资）以及农产品的下游渠道和品牌声誉，促进了信息、服务和技术支持的流通，从而减少了与人口增长不相符的住宅景观变化现象。因此，政府和企业在农民推动景观变化途径中的合作具有重要的引导作用。

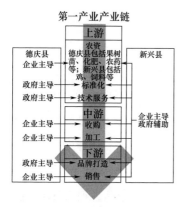

图 5-49　政企联合对代表县特色农业生产中的农民社会资本的增强

来源：整理自蔡海龙[176]、王慧[177]、陶志[178]、辛岭[160]、贺林平[146] 的研究或报道，作者绘制。

5.4　本章小结

本章基于前文的研究结论，通过多种研究方法，探讨了不同推动景观变化的参与者（主导者）在生计循环中所驱动的景观格局变化的动因。以下是本章的主要结论。

（1）政府主导的景观格局变化驱动力研究。当政府是推动景观变化的主导者时，主要的驱动力渠道在于可持续生计方法框架中的结构与过程转变部分。不同层级的地方政府在景观变化方面存在差异，县级政府可能更倾向于通过引导方式影响县域景观格局的变化，而省级政府则在金融资本、人力资本和土地利用权限等方面给予支持，推动较大规模且较快速的景观变化，从而刺激县域的发展。

（2）农民主导的景观格局变化驱动力研究。当农民是推动景观变化的主导者时，主要的驱动力渠道在于可持续生计方法框架中的生计产出反哺部分。农民推动景观变化的主要目的是为了增加收入和提高生活水平。农民主要通过第一产业景观变化和农宅景观变化来推动景观变化，但前者对县域景观格局变化影响较小，后者则可能造成负面影响。不同的景观变化途径之间存在机会成本，政府和企业合作强化农民第一产业生产所需的社会资本，可以将农民生计反哺更多地引向第一产业景观的推动，减少农宅景观的变化。

（3）以可持续生计方法框架对农民主导的多种类型景观变化驱动力的具体研究。在具体的景观变化途径中，本章采用统计数据和综述、高精度遥感影像与实地调研等方法，对农民推动的果林景观和农作物景观变化的驱动力进行了研究，发现政策因素、气候变暖、人力资本匮乏和地形等因素都对这些种植业景观变化造成影响。此外，针对农宅景观空间变化模式，研究发现政府的管理和监督、社会资本中的文化因素和村规民约、物化资本中的传统布局等多方面因素影响着农民推动的农宅景观变化。

本章在可持续生计方法框架下深入探讨了政府和农民两类参与者在景观变化中的作用，分析了他们各自在发展过程中推动景观变化的目的、途径和原因。进一步探讨了不同景观变化途径中的驱动力和影响因素，为县域景观格局变化与发展之间的关系提供了更深入的理解。

6 发展"不平衡"缩小中的县域景观格局维持探讨

粤西北部地区的各个县域通过自身具备的景观要素稳固第一产业，并在广东省"双转移"政策的背景下推进工业化，景观格局的变化促使这些县域在波动中缩小了发展中的不平衡，然而也呈现不利于生态系统服务功能发挥的趋势变化。

虽然粤西北部县域地区的区域不平衡和城乡不平衡有所缩小，但是不平衡中的差距依然较大，这种不平衡依然有可能在未来加剧。由前一章的分析内容可知，广东省仍在推行"双转移"政策，工业化进程可能继续推动景观格局中的人工化要素增加、林地景观减少。然而，对于县域及其生态环境的平衡而言，景观格局的稳定具有重要意义。因此，在缩小不平衡的过程中，如何保持景观格局对于县域可持续性发展转型至关重要。接下来，将基于前文对县域景观格局与发展关系的研究深入探讨这一问题。

6.1 县域景观格局维持的主要问题与内容

6.1.1 景观格局维持的主要问题

（1）林地景观的百分比保持

林地景观是生态恢复力的研究中赋值最高、最具有生态效益的景观要素。由第3章和第4章的研究可见，粤西北部地区县域景观格局的景观要素组成百分比中，具有生态恢复力赋值最高的林地景观格局要素在多方面因素的推动下而波动下降：建设用地侵占和林业的砍伐是其中的直接原因；对耕地的保护导致林地景观被开垦以维持耕地景观的数量平衡，以及耕地保护实施后使建设用地更多地侵占林地景观，是其中的间接原因。这些直接和间接的原因中，除去林业原因外（再次种植或者次生林的生长会恢复林地景观），其他原因都导致了最具生态效益的林地景观在县域景观格局中却最易受到侵占。这一县域景观格局维护中的主要问题，需要从政府的发展视角着手解决。

（2）乡村地区农村居民点建设用地主导的破碎化

既有研究表明景观破碎化即景观结构退化，是景观功能退化的重要原因[179]。在第4章中，粤西北部地区县域的景观格局指数中，斑块数、景观分离度、边界密度等景观格局指数都反映了格局的破碎化趋势，但其中仅有斑块数这一指标能够反映格局的破碎化主要由哪类景观要素所导致。通过第4章景观空间变化模式分析中经由 Fragstats 4.2 计算所得的各类景观要素的斑块数，制成如图6-1~图6-3所示的堆积柱状图。

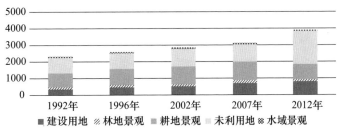

图6-1 德庆县各景观要素斑块数堆积柱状图
来源：作者整理。

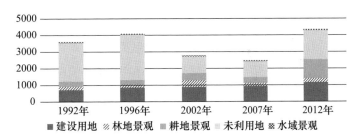

图6-2 怀集县各景观要素斑块数堆积柱状图
来源：作者整理。

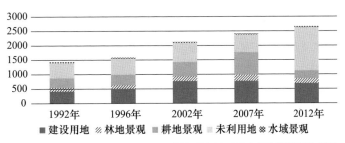

图6-3 新兴县各景观要素斑块数堆积柱状图
来源：作者整理。

由图6-1~图6-3可见，粤西北部地区县域景观格局下的各类景观要素总斑块数都呈波动增加的总体趋势，然而，其中对总斑块数增加影响最大的在于3类景观要素，即建设用地、未利用地、耕地景观的斑块数增加。考虑到景观异质性越大引发景观阻力值越大，建设用地无疑较耕地景观有着更大的异质性和阻力值，而未利用地的不稳定性和临时性导致影响相对较小，可以判断县域景观格局的破碎化趋势中，建设用地的破碎化对格局整体的破碎化影响最大。

在县域景观格局中，建设用地所包含的内容多、范围广，发展中县域景观格局维护所面临的破碎化问题需要进一步确定具体内容才能在对策上进行深入探讨。肖笃宁等指出，由于城镇中心梯度和廊道梯度的作用，城镇空间扩张本质上存在着"摊大饼"的倾向[180]。在空间变化模式中，"摊大饼"意味着不会增加斑块数量的边缘式。基于这一理论，城镇建设用地因主要遵循"摊大饼"式的景观空间变化模式而变化，将会导致城镇周围斑块数量可能减少，而建设用地斑块数量的增加主要来自乡村地区。因此，县域景观格局的破碎化趋势的最主要问题在于乡村地区农村居民点的扩散式建设。这一问题需从农民的生计发展视角着手解决。

（3）建设用地导致的未利用地长时间保持

第4章的分析指出了粤西北部地区县域在广东省"双转移"政策下进行工业转移园的建设，是促进发展不平衡缩小的重要原因，而在上一章对上级政府政策推动县域产业转移园景观变化的驱动力分析中指出，这些产业转移园在上级政策的多方面资本强力保障下，存在着"空降"、强行抹去几乎所有自然景观、企业严重滞后等问题。这些问题导致了在已规划的产业园范围内，土地利用程度和生态恢复力中都为最低效的未利用地长时间保持，对景观格局的功能起到了极大的负面作用。因此，需要从政府的发展视角出发对于未利用地长期保持的问题予以解决。

6.1.2　县域景观格局维持的三方面内容

根据此前第3章的县域景观格局变化过程和结果研究，县域景观格局维持在技术上主要包括3个部分，即景观格局规划、景观格局中重要部位的转出限制和转入增加、景观空间变化模式管理。针对上文中的县域景观格局维持中的3个方面问题，将结合县域发展的需求，主要通过县域景观格局维持在技术上的 3 个方面进行讨论。

（1）基于生态过程的景观格局规划

基于生态过程的景观格局规划是县域景观格局维持的基础，景观格局是生态过程的载体，生态系统服务功能是由景观格局与生态过程相互作用所表现出的功能[3]。因此，撇开生态过程的县域景观格局规划不但缺乏科学性，还会导致公共或私人资源投入到生态过程不明、生态系统服务功能弱的景观格局的维持和建设过程中，造成资源浪费。从景观生态学的角度出发县域尺度中最为主要的是农业景观生态规划[181,182]。实际上，本研究所强调的县域景观格局包含在马克明提出的生态安全格局概念中[183]，欧定华等人通过对过往既有的生态安全格局研究的梳理，将景观格局规划的过程归纳为如图 6-4 所示的流程[184]，可见县域景观格局的规划已从景观学科的技术角度形成了一套较为完整的规范，并且规范中还有着技术与制度对接方面的初步设想。

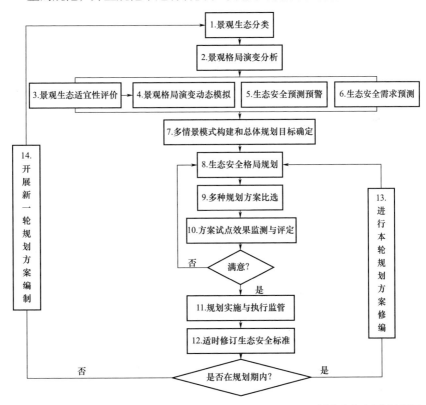

图 6-4　区域生态安全规划流程图

来源：欧定华《区域生态安全格局规划研究进展及规划技术流程探讨》。[184]

尽管现有的县域总体规划和土地利用总体规划都借鉴了景观生态学的角度，但这两者并未充分考虑整体性的县域景观格局。规划部门的县域总体规划主要关注城镇化地区[185,186]，而土地利用总体规划受多重管制和土地利用现状的制约，只能使用景观指数评估景观格局，而没有形成如总体规划那样丰富的设计理论和方法[187,188]，且没有将维持景观格局作为规划的目标之一。

景观生态规划在技术上的探讨得到真正的运用需要在当前的县域景观空间管理体系上，但上述两套空间管控体系存在着一定的混乱，因此如何在当前体系中逐步增加景观视角的管理方式成为落实景观格局规划的重点。

（2）重要空间位置的转出限制和转入增加

景观格局的变化过程是由景观组分之间的转入和转出所导致的，因此景观格局的优化过程也需要通过对转入和转出进行控制来实现。基于生态过程的景观格局规划，对县域景观空间中现有的、承载着重要生态过程的景观斑块、廊道及其周边相关景观进行保护，对这些景观空间进行转出上的限制；同时，基于景观格局规划通过转入的方式增加自然斑块和廊道，增强自然景观的连通性，促进生态过程在景观格局中的发生，维持生态系统服务功能。

（3）景观空间变化模式的管理

在对景观变化驱动力的分析中指出，县域在发展的过程中，景观格局的变化过程同时存在着大尺度和小尺度的景观变化，无论是大规模还是小规模，不同景观空间变化模式对于格局和过程的影响存在着差异。大规模的景观变化多由政府主导，需要通过对实施过程进行规划以实现对景观空间变化模式的管理，而农民主导的小规模景观变化，如农宅景观的空间变化模式则在当下的县域管控体系下相对较难管理，需要对农民推动景观的途径进行引导。

6.2 政府管理方式转变：结果控制转向过程控制

在缩小县域发展不平衡的过程中，县域景观格局中的人工化、林地景观的减少等趋势还将继续。此前对政府为主导的人工景观变化驱动力分析中已指出,政府主导的景观格局变化主要依靠政策、法律、私人财产等结构的转变,因此从政府角度而言,转变县域景观空间的管理方式是景观格局维持的关键。

本节首先从两套县域空间管控体系的难以协同关系和注重空间变化的结果进行讨论,提出为维持县域发展过程中的景观格局,政府为主导的视角下应在空间的管理上由结果控制更多转向过程控制;随后,针对此前提到的县域景观格局变化中的林地景观百分比保持和未利用地长时间保持的问题,提出在景观空间管理上由注重结果转向注重过程的政策建议。

本节对于政府的管理方式提出,应由结果控制转向过程控制,实际上结果和过程存在整体和局部的关系,即所有的过程控制都属于对县域景观格局变化结果控制中的一部分,而对于景观格局结果的控制也可以分解为多个对其中景观(要素)变化过程的控制。

6.2.1 当下县域空间管理现状:难以协同且注重结果

政府主导的景观格局变化或维持,主要通过规划对实体空间产生影响。规划作为特定社会和需求下政府在公共领域中的一个制度性安排,不单单是一个物质规划技术的过程,同时还是政府行为嵌入当前政治、经济、环境的一种公共政策[142]。

此前的分析指出,景观格局中除了耕地景观表现出明显的受控,景观格局在组成变化和空间变化过程中表现出人类无计划活动所导致的结果。尽管现有各种专题规划涵盖了景观空间管理,甚至由国家发展改革委负责制定的"五年规划"也对景观空间有干预(如中心镇、重点镇、各镇产业等涉及的空间异质性内容),但国土规划部门主管的县域总体规划以及土地利用总体规划始终是主导县域景观空间变化的关键机制。如图 6-5 所示,按照当下的规划管控机制,包括耕地、林地等多方面的农村集体用地需要经过国土规划部门多层、共同批示下,才能向城镇建设用地转化。

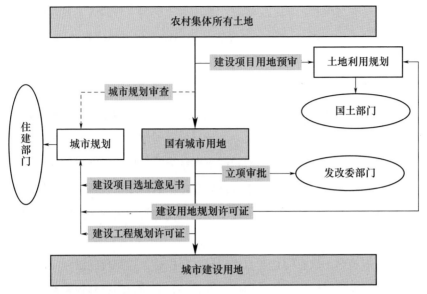

图 6-5 农村集体用地向城镇建设用地转化的管控机制
来源：王磊《五年计划/规划、城市规划和土地利用规划的关系演变》。[142]

虽然城乡规划和土地利用总体规划在技术分类上有所差别，但是在对县域景观空间的管理上两者有着明显的重叠，并分别由《中华人民共和国城乡规划法》和《中华人民共和国土地管理法》支撑。两者都带有计划经济时代部门管理的烙印，难以协调的关系从 20 世纪 90 年代以来就有讨论[189,190]。尽管近年来对于"三规合一"和"多规合一"试点改革进行了尝试，但两者在模式上存在根本的矛盾，即城乡规划是由地方（如县级）增长主义以土地为中心的发展积累模式主导，而土地利用规划则是由中央计划型的要素管制模式主导，因此"多规合一"的技术或制度创新上的探索都无法成为这一问题的答案[142]。

在城乡规划体系中，目标往往是设定在未来一段时间内的静态目标。黄明华等学者认为这种目标的静态性是计划经济时期规划思维的遗留，规划图上的目标几乎不符合现实，即使有合理性，也很快会改变，城市发展常常偏离目标[191]。城乡规划既存在近期过于短视，也存在远期过于理想或不合理的情况，缺乏介于中间的实际路径。早在进入 21 世纪前，城乡规划界就认识到区域发展是一个连续渐变的过程，规划成果只是一个结果，规划本身也是一个过程[191,192]。这被称为"终极蓝图"问题，相关学者探讨了"动态规划"的方法和理论，也在城乡规划中进行了实践。尽管"动态规划"推动了城乡规划体系的变革，但由于其高度复杂性，需要在时间维度上协调规划设计和政府决策等多方面，甚至涉及整个城乡规划体系的改革，因此目前仍处于探索阶段，尚未形成通用解决方案[193]。可见，尽管城乡规划在市场驱动下不断发展丰富，视角越来越综合，但仍然更加偏向于结果的管理。

在国土部门管辖的土地利用总体规划体系下，由于该规划最重要且首要的目标是对耕地进行保护，因此较之城乡规划更为注重结果的管理，即在规定的时间范围内对耕地相关指标有着硬性约束，而对其他景观空间之间的相互转化关系关注较少。在近期规划和远期规划中，最注重的仍然是一系列耕地相关的指标。可见，政府视角下土地利用总体规划的这一套县域空间管理体系较城乡规划体系更为注重对结果的管理，而疏于过程的管理。

总体而言，政府为主体的县域空间管理中，城乡规划和土地利用总体规划两套体系存在难以协同的问题，缺乏关注空间变化过程。从政府视角出发，将县域景观空间管理由结果管理转向过程管理，对于维持景观格局、引导可持续发展是至关重要的。

6.2.2 林地景观变化过程中的维持管理转变探讨

在第4章中已提及，粤西北部地区县域中的林地景观对缩小"不平衡"发展有着重要的支撑，然而，具备强大生态功能的林地景观不仅直接转化为工业化和基础设施建设的人工景观，还受耕地保护政策的影响，转化为耕地景观以维持数量，这使得维持林地景观比例成为县域景观格局变化中的主要挑战之一。

此外，在第3章的景观格局变化研究中，林地景观和未利用地景观之间由于林业采伐导致的长期相互转换，使林地景观难以准确监测，使得政府为主体的管理增加了难度。因此本部分首先探讨了与林地景观保护相关的两项政策，即"生态红线"和占用征收林地定额管理，然后，政策在粤西北部地区的实施情况提出了两项针对林地景观百分比控制的政策建议。

6.2.2.1 即将出台的"生态红线"难以维持林地景观组分百分比

"耕地红线"的相关政策和法律，旨在从宏观层面上实现国内粮食的基本自给自足。即将出台的"生态红线"政策以及相关法律对于粤西北部地区县域的影响，可以根据"耕地红线"的影响进行类比，将有从单一维度向复合、多维的探索过程发展。

根据环保部和国家发展改革委于 2017 年 6 月印发的《生态保护红线划定指南》（环办生态〔2017〕48 号），当"生态红线"应用到具体地块时，通常落在县级行政区域内，其主要关注生态功能重要区域（如水源涵养、生物多样性维护、水土保持等）和生态环境脆弱敏感区域（如水土流失、土地沙化、石漠化等）。然而，在粤西北部地区的县域，大部分林地景观作为基质景观，很可能不在生态红线所涵盖的区域内。因此，尽管"生态红线"政策在县域管理范围内可能会保护部分局部的林地景观，但其对整个县域林地景观组成百分比的维持意义有限。

6.2.2.2 林地景观数量的主要控制政策：占用征收林地定额管理

涉及林地景观管控的举措包括《中华人民共和国森林法》《全国林地保护利用规划纲要（2010—2020 年）》等法律和政策，其中《全国林地保护利用规划纲要（2010—2020 年）》确立了林地总量增加、保有量稳定增长的目标，而《中华人民共和国森林法》则为林地保护和增长提供法律保障。在这些政策中，占用征收林地定额管理是从上层到下层的政策，能够协调林地景观与建设用地景观的关系。该政策自 2006 年开始，国家林业局于 2008 年下发了不可逾越的定额要求，2011 年，国家林业局发布的《占用征收林地定额管理办法》限制了各省每年可以转化为建设用地的林地面积，分配和管理上在省、地级市、县（区）之间有分层次的结构，此政策强调"优先保障国家重点基础建设项目"。

广东省在 2014 年颁布了《广东省占用征收林地定额管理办法的通知》予以响应，该文件根据广东省的具体情况提出补充：定额分配管理涵盖了分阶段的下达、年中追加和年末统筹,年末统筹意味着未使用的定额将回收,无法在年度内进行调剂;该文件还明确了省内地级市定额分配的主要依据,包括重点项目定额计划、各地级市林地占全省林地的比例、上年度定额执行效率和违规情况。

虽然本研究未获取肇庆市、云浮市及各县域尺度的具体定额和使用情况数据,但是已有研究显示该政策对广东省林地景观转化的控制效果。国家分配给广东省的征占林地定额在 2008—2010 年、"十二五"以及"十三五"3 个时段不断紧缩。以"十二五"期间年均的占用征收林地定额和国土资源部每年下达广东省建设用地指标相对比,每年林地定额缺口达 3000 多公顷[194];胡淑仪通过 2011—2012 年广东省占用征收林地执行情况的具体数据(表 6-1)指出,广东省头两年都提前使用了国家允许的下一年定额的最大值(下一年的10%),并且在 2012 年为了汕湛高速的修建向国家总的预留定额中成功申请了额外的定额[195]。

实际上,近年来广东省内的占用征收林地定额分配重点已不在珠三角经济发达地区,由于"双转移"政策的实施,产业转移园及附带的基础设施建设等项目使得占用征收林地定额明显倾向于东西两翼和粤北山区[194]。这些区域正是广东省内区域发展不平衡中的最主要区域,然而在地级市内部,仍存在定额分配的竞争,如云浮市在分配中优先保障云城区东部的新区建设,新兴县、罗定县级市等其他县域的重点项目使用林地只能延后[194]。这类情况可能会导致县区在快速发展的过程中更多出现违规、违法用地的情况[196]。

由上述可见,占用征收林地定额管理具有与耕地保护相似的中央计划型的要素管制模式主导,不同的是占用征收林地定额管理不是以保持林地景观总量平衡为目标,而是以控制林地景观的负增长变化量不断缩小为目标,因而显得更有弹性。

回到本章所探讨的县域发展中景观格局维持这一课题。该政策有着两方面问题:一是县域景观格局中的林地景观组分百分比应有底线,该底线不应随国民经济社会发展目标发生变化而变化;只有对生态效益最高的林地景观划定底线,才能实现对发展中景观格局的维持；二是在"不平衡"的整体现状判断下，各行政层面对占用征收林地定额的分配应针对处于焦点的县域更有依据，避免因不同层面的目标不同而使县域的发展得不到应有的保障。

表6-1　2011—2012年广东省占用征收林地执行情况 [①] 单位：公顷

年度	使用林地面积	实际使用林地定额	国家下达广东省林地定额			
			合计	年初下达定额	提前使用下年度定额	下达国家备用定额
2011	7792	7259	7260	6600	660	
2012	7844	7480	7482	5812	660	1009
合计	15636	14739	14742	12412	1320	1009

来源：《广东省占用征收林地定额管理现状与对策》。[195]

6.2.2.3　县域发展中的林地景观百分比控制管理政策建议

在国家层面的目标上，《全国林地保护利用规划纲要（2010—2020年）》提出全国林地总量适度增加等目标。目标的实现主要涉及两方面：一方面是通过占用征收林地定额管理等政策限制林地景观的转出，如《全国林地保护利用规划纲要（2010—2020年）》中提出全国的征占用林地定额约束性指标为105.5万公顷；另一方面是通过增加生态脆弱区域中林地景观的转入，如上述纲要中提到的三江源地区、三峡库区等区域。然而，根据此前章节中对粤西北部县域发展中的景观格局变化分析，县域林地景观的转入基本只依靠于林业采伐后的种植或生长的次生林以及极少量的退耕还林，而林业的采伐、种植过程只会引起林地景观的波动，难以从根本上增加林地景观的数量，因此，县域发展中的林地景观百分比控制只能更多依赖于对转出的管理。

针对上一部分对当前政策对发展中的县域带来的两方面问题，即占用征收林地定额管理受倾斜下需要制定底线以及占用征收林地定额分配需增加发展上的依据，对林地景观百分比控制管理的政策建议进

---

① 表格中使用林地大于实际使用林地定额的原因是全国的这项政策规定以林业导致的基础设施建设不计入定额。

行探讨。

（1）县域内"山地＋丘陵"地形的面积比例作为林地景观保持底线划定的依据

地形对于景观的形成以及土地利用的形式有着极其重要的影响，在各类地形中，丘陵和山地在水力、重力、风力等动力的影响下，较平原地区因更容易导致水土流失而生态脆弱性更强。我国长期实施的"退耕还林"政策的主要目的就在于通过将原有梯田景观转为林地景观以减少水土流失的过程。

根据第1章中研究区域、对象的分析中，粤西北部地区全域90%左右地形为山地或丘陵，对粤西北部地区县域根据地形中丘陵和山地在县域面积中的比例划定县域景观格局中的林地景观百分比底线，是经济目标以外的林地景观百分比划定途径。

以第1章中对选取的3个代表县域的丘陵和山地所占县域总面积的比例之和，和第2章中通过遥感影像解译获得的各时间点林地景观组分百分比，计算各县林地景观面积在县域山地＋丘陵地形面积中的比例并整理后如图6-6所示，可见研究时段内3个县域的林地景观面积整体呈波动下降状态，但林地景观占"山地＋丘陵"地形面积的比例也未低于80%。

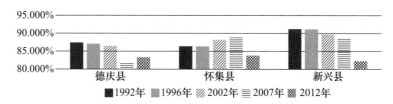

图6-6 粤西北部地区代表县域林地景观面积占"山地＋丘陵"地形面积的比例
来源：作者绘制。

综合考虑3个代表县域发展过程中林业影响、产业转移园以及高速公路等基础设施的建设等方面因素，3个县域景观格局中的林地景观面积维持的底线可考虑划定在县域山地＋丘陵面积的75%左右，即德庆县、怀集县、新兴县的林地景观组分百分比应始终分别维持在全县面积的70%、67%和65%以上。

对广东省占用征收林地定额向粤西北部地区倾斜背景下的县域

景观格局维持和可持续发展来说，以"山地＋丘陵"地形面积的比例来划定县域林地景观的保持比例底线较为合适。然而，依据地形划定县域林地景观保持比例的底线，仍需要对县域发展具体阶段与划定"山地＋丘陵"面积的比例关系进行更为具体、深入的探讨和论证。

（2）将人均 GDP 与全国人均 GDP 水平的比较纳入占用征收林地定额分配的参考依据

在《广东省占用征收林地定额管理办法》中，定额分配主要依据包括重点项目定额计划、各地级市林地占全省林地比例、上年度定额执行效率和违规情况。实际操作中，该政策更多地受"双转移"政策需求的影响，导致定额分配倾向于东西两翼和粤北山区，以缩小发展中的"不平衡"。然而，在经济水平相对落后的县域中，定额分配缺乏足够的参考依据，可能导致地级市层面定额分配与省级层面不一致。

根据此前对县域发展的可持续性研究，人均 GDP 指标能够更准确地反映地区总产出的效率状况，因此可考虑将人均 GDP 作为定额分配参考依据，即以县域与全国人均 GDP 比较，可以衡量"不平衡"的程度，从而作为占用征收林地定额分配的参考。

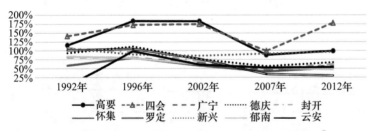

图 6-7　粤西北部地区各县域人均 GDP 与全国人均 GDP 的比较百分比①
来源：来源于历年《广东省统计年鉴》。

以粤西北部地区各个县域 1992—2012 年中 5 个时间点的人均 GDP 与当年全国人均 GDP 中相比的百分比来反映各个县域的发展"不平衡"程度，整理后如图 6-7 所示。可见粤西北部地区县域可分为 4 类：四会市显著高于全国平均水平；新兴县和高要市略高于平均

①　云安县在第一阶段低于 25% 是因为 1992 年时还未设县，因此云安县在 1992 年时比例为 0。

水平；6 个县域在 47%~61% 范围内；罗定县则持续下降，仅为全国平均水平的 30% 左右。同时郁南县在实施"双转移"的第四阶段差距也被拉大。

对粤西北部地区 10 个县域中第四阶段"掉队"的罗定县和郁南县进行具体的分析。通过"91 卫图助手"的高清遥感影像和两个县域产业园的新闻和政策文件，将它们的产业园建设过程中景观变化的信息整理后见表 6-2。可见，这两个县域的工业园建设进度相较于代表县域更晚，导致罗定县和郁南县两个县域的生计策略并未在研究时段内如其他县域向工业化转型，使这一阶段在产出上与全国平均水平的差距进一步拉大。

表 6-2 郁南县、罗定县域产业园建设时间状况

县域	产业园名称	林地景观→未利用地 场地平整开始年份	未利用地→建设用地 企业入驻开始年份
郁南	中山（郁南）产业转移工业园（县城以西）	2011 年	2015 年
	中山（郁南）产业转移工业园（县城以北）	2014 年	2016 年
	郁南（大湾）产业工业园	2011 年	2013 年
罗定	罗定双东环保工业园	2011 年	2015 年
	佛山南海（罗定）产业转移工业园	没有集中的规模用地	

来源：作者整理。

由此可见，在县域层面的占用征收林地定额分配中缺乏倾斜依据，可能会导致"不平衡"的状况加剧。建议在占用征收林地定额分配中加入县域发展"不平衡"程度作为参考，优先倾斜分配至"不平衡"较大的县域；此外，通过人均 GDP 与全国比较，能客观反映县域的发展程度，成为普适性的参考依据，以推动县域发展中的"不平衡"缩小。

6.2.3 未利用地控制：产业园分期规划中的空间变化模式

在上一章中关于政府主导的景观格局变化驱动力分析中指出，政府主导的驱动力分有不同的层级，其中县域上级政府对于县域景观格局变化的影响要比县级政府更为直接，上级政府推动景观要素变化的主要原因之一是"双转移"政策下的产业转移园建设。产业转移园有着变化快、规模大、"空降"、将原有自然景观一次性抹去、企业入驻严重滞后等特点，且具有明显的规划痕迹。这些特点造成县域景观格局中大面积集中的自然景观向未利用地转化，且这些未利用地长时间保持，对土地利用的效率和县域生态恢复能力极其不利。

6.2.3.1 产业园使未利用地长期保持的三方面原因

产业园使大面积未利用地出现并且长期保持的原因主要包括规划因素、政策因素和经济因素 3 个方面。

（1）规划因素——注重结果不注重过程导致的缺乏约束

上一章中指出，产业园的布局等反映出这一景观变化过程是在有意识的规划下进行的，路网、绿化、边界范围都符合具体规划，并且必须符合一系列的规范，但这些规划设计与规范并不对景观变化过程提出要求。规划设计的前提是符合土地规划部门管辖的县域《土地利用总体规划》的要求，而这一管理体系框架下也缺乏对产业园景观变化过程的管理。

（2）政策因素——广东省占用征收林地定额管理的一年回收制度

占用征收林地定额管理政策中，一年回收制度导致县域在自然年内加速产业园的场地平整工作，以用尽定额，为此忽视了这样的景观变化带来的问题。这一政策旨在提高定额的使用效率管理，但也加剧了生态效益高的自然景观转出，以及未利用地景观的长期保持。

（3）经济因素——规模化的成本降低和县域间的竞争

一次性完成产业园内基础设施"三通一平"的工作成本远低于分期进行。县域之间的竞争促使当地政府短时间内完成场地平整等工作，以吸引工业企业入驻，从而刺激当地经济增长和税收增加。因此，规模化的成本降低和市场上的竞争也促进了产业园范围内未利用地大量出现并长期保持的状态。

6.2.3.2　降低未利用地保持时间的 3 方面影响因素探讨

对上述未利用地长期保持的 3 方面深层次因素，政府应从不同的角度考虑在管理上的转变以进行应对。

（1）政策因素应对：长远规划均摊定额，放宽定额回收制度年限

对于广东省占用征收林地定额管理的一年回收制度带来的影响，更多应由广东省进行的政策调整来减少这方面对未利用地长期保持的影响，可考虑对各县域的产业转移园设立更长远的规划，例如，假设在早期将其他县域分配较大的定额转而分配给郁南、罗定这些产业园起步较晚的县域，既可以减少未利用地在其他县域集中出现的规模，又有利于在 2007—2012 年郁南和罗定的产出增长。另外，在管理中放宽现行的一年回收定额制度的时间周期，也是应对政策因素的重要举措和措施。

（2）经济因素应对：保持竞争提升质量，加强"对口"转移特色

广东省的"双转移"政策本身就使粤西北部地区县域的产业转移园带有一定的"计划经济"色彩。这一方面的特点可以降低县域发展产业园的风险，进而减少未利用地长期保持的低效的状况。前文曾提到，各个县域的产业转移园的命名格式较为特殊，一般为"珠三角区域—该县域名称—产业转移园"的格式。如表 6-2 所示的"中山（郁南）产业转移工业园""佛山南海（罗定）产业转移工业园"，说明县域的产业园存在着与珠三角某行政区域"点对点"进行产业转移的特色，如通过优惠政策加强"对口"的产业转移，例如"对口"区域的企业转移具有更低的国税优惠政策等，可以降低市场机制在产业转移过程中的作用，使市场机制更多作为"对口"产业转移之外的补充，这样则有可能使县域在产业园的建设过程中，减少与短期内土地利用需求不匹配的林地景观转出和未利用地长期保持。

（3）规划因素应对：规划实施过程的分区规划、分期实施、保留植被

对于产业园规划设计的注重结果不注重过程，应考虑对实施过程在分区规划、分期实施、保留植被 3 方面进行考虑，以减少未利用地

景观的长期保持的状况。

第一，分区规划。对县域中较大规模的产业转移园进行分区规划，即由原来的一处消失模式转换变成几处相对分散的扩散式，也有利于分期实施，进而减少未利用地出现的数量和保持的时长。根据 Richard T.T. Forman 提出的最优景观格局——"聚集—离散"（aggregate-with-outliers）[144]，各个产业转移园的选址与县城的建成区有一定的距离并通过高效的交通连廊相连是符合最优景观格局的原则的。

第二，分期实施。未利用地将随分期实施而分期出现，并缩短其保持的时长，而非一次性大面积集中出现，能够提高发展中对景观要素利用的效率。另外，对产业转移园分期建设可以很大程度上减少长期性未利用地景观的数量。产业园的分区规划与分期规划相结合，是对景观格局最为有利的方式，也更为符合生态过程的规律。

第三，保留植被。可在规划中采取廊道式与边缘式结合的开发方式，规划保留部分自然景观作为产业转移园中的绿地。景观不仅是重复出现的土地利用类型，还包含当地特有的生态系统，局部保留下来的自然景观不仅可作为园区中提供给人的绿地景观，景观中包含本地原有的植被和物种，作为更大范围内景观格局中的廊道或"踏脚石"斑块，能够更好地实现通过景观格局维持生态系统服务功能的目的。

对于规划实施过程的这 3 方面策略的落地，需要在产业园规划的规范上设定具体指标才能够保证 3 方面的策略得以真正实施。接下来将对保障 3 方面规划策略的指标设定进行探讨。

6.2.3.3　降低未利用地保持时间的规划策略保障：指标设定探讨

（1）分区规划保障：依据县城建成区斑块面积比例设定单个斑块面积上限探讨

对于保障产业园的分区规划的实施，最有利的方式无疑是对单个产业园斑块的面积设定上限，即可保障产业园的规划需要多个分区。然而，针对县域面积大小不同、产业园规模不同的各个县域，如何划定单个产业园斑块的面积上限是保障分区规划的探讨重点。

基于 Richard T.T. Forman 的"聚集—离散"最优景观格局模式，在县域范围内的建设用地景观格局的最佳方式是，始终以县城建成区范围作为县域格局中最大的建设用地斑块，产业园作为数个离散的建设用地组团与县城斑块保持一定距离，单个产业园斑块的面积上限应为县城建成区面积的一定百分比。

在 2017 年的高精度遥感影像中，代表县域中德庆县的两片产业园总面积与县城建成区面积最为相近，约为县城斑块的 4/5，这意味着产业转移园的面积与县城建成区面积相持平。

因此，为了实现"聚集—离散"的景观格局模式，对于单个产业园斑块的面积上限可考虑设置在县城建成区斑块面积的 1/4~1/3，这样的产业园单个斑块面积上限设定一方面将促使建设用地的格局更为接近最优模式，另一方面不会使产业园的建设过程提高破碎度，也不会降低土地利用的集聚效应。

（2）分期实施保障：已建设范围内的未利用地所占比例设定探讨

针对未利用地长期保持的状态，可以考虑设定一定周期内已建设范围内的未利用地比例指标，以推动产业园建设的分期实施，进而控制产业园范围内的未利用地保持量。

例如，假定未利用地在产业园范围内的控制比例为 50%，考核时间周期为低于林地种植周期的 2 年。在 2 年后的时间点进行考核，如未利用地面积低于产业园已开发总面积的 50%，属于达标，将重新开始 2 年的考核周期；如若未利用地超过总开发面积的 50%，则对超出部分的未利用地面积向县域收取半年的"林地占用费"，并在随后的每半年重新考核这一指标，半年后达标，则重新开始 2 年的考核周期；倘若半年后未利用地面积仍超过产业园已开发面积的 50%，则将收取增长的"林地占用费"，此后若每半年都不达标，则将继续收取每半年都呈阶梯状增长的"林地占用费"。根据上述举例假设，在未利用地占已开发总面积比例和配套的奖惩制度的制约下，县域对产业园的建设将更多考虑产业园可能承接的入驻企业的数量和使用面积，分期实施土地平整等基础设施建设，能够促进未利用地景观长期保持现象的减少。

未利用地比例这一项指标将会是直接针对产业园范围内未利用地的约束性较强的指标，需以考核周期、奖惩机制等详细周全的制度设计配套才能得以实现其控制未利用地面积、促进土地利用效率提高和生态恢复力保持的目标。另外，如果这一指标设定过高则有可能增加承接产业过程中的运作成本；如果设定过低，则将失去对未利用地控制的意义。因此，该指标的设定还需进一步谨慎探讨。

（3）保留植被保障：产业园区保留绿地率指标设定探讨

根据《城市绿化规划建设指标的规定》（城建〔1993〕78号），工业园区的绿地率不低于20%；而《工业项目建设用地控制指标》则规定，"工业企业内部一般不得安排绿地"，意味着粤西北部地区县域中产业园范围内的绿地都为工业企业之间的公共性绿地，都由县域政府规划和管理。

针对产业园内必须设置一定比例绿化，而产业园建设本身就由林地景观向未利用地并最终向建设用地景观转移的过程，可以考虑在对园区的规划设计既有的绿地率要求下，设置"保留绿地率"的指标。这一指标可以保障一部分的原有植被可以在产业园区的建设过程中被保留下来，作为周边基质景观的廊道和斑块。

从保留原有林地景观对产业园景观格局的生态效益来讲，"保留绿地率"应越高越好，但考虑到粤西北部地区县域产业园大多设置在相对低矮的丘陵地区，"保留绿地率"过高将造成产业园的场地内高差难以协调，因此，"保留绿地率"应考虑设置为至少不低于产业园绿地面积的50%。

6.3 农民生计引导：促进有利于景观格局的生计反哺

县域景观格局中主要问题之一——破碎化——主要由乡村范围的农村居民点所导致。而在上一章中，基于针对农民生计的可持续生计方法框架，详细探讨了农民主导的景观格局变化驱动力，其中，指出了农民主导景观变化的不同途径以及农民在生计循环中推动景观变化过程中存在的机会成本。农民推动景观变化存在的机会成本意味着，在他们的生计循环中，主要的景观驱动力来源，即生计反哺主要用于推动两方面的景观变化：一方面，更多推动以增加收入为目的的景观变化（如德庆县普遍扩大果林生产、新兴县普遍建设集约化养鸡场）；另一方面，更多推动以提高生活水平的景观变化，即新建农宅。新建农宅通过不同的景观空间变化模式对县域景观格局产生影响，其中扩散式的增长是增强景观格局的破碎化的主要空间变化模式。

由于农民生计循环中推动景观变化途径中存在机会成本，使得在本章主题——发展"不平衡"——缩小过程的县域景观格局维持上，可以通过生计视角对本身十分个体化的农民群体进行引导。具体的引导目标为，使农民更多推动以增加收入为目的同时对景观格局影响较小的景观变化，更少推动以生活水平提高为目的、与人口增长难以相符的农宅建设。接下来，将围绕有利于景观格局维持的农民生计引导开展讨论。

6.3.1 引导农民参与景观格局维持的途径：生计反哺引导的两个方向

为了维持发展中的景观格局，对农民生计反哺的引导，主要在于引导农民更多选择对景观格局影响较小甚至没有影响的生计反哺渠道，而更少推动与人口增长难以相符的农宅建设，这两者之间由于机会成本的存在而有着此消彼长的关系。因此，对于农民生计反哺的引导存在如图 6-8 所示的正向引导和反向制止两方面主要的引导途径。

正向引导，即为致力于将农民生计的反哺引向非景观类的生计资本，或者推动以增加收入为目的的景观变化，来引导作为生计主体 / 景观变化参与者的农民在发展过程中减少对县域景观格局的负面影响。从可持续生计方法的框架来看，通过引导生计产出向人力资本中的教育、技能、健康等，金融资本中的保险、货币基金等非景观类型的反哺，可以直接减少生计反哺对景观格局的任何方面的影响；而促进以增收为目的的景观变化引导，则相对降低了对景观格局的负面影响。

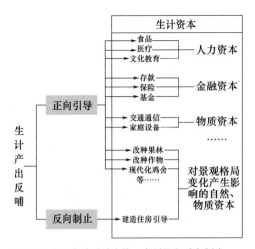

图 6-8　农民生计反哺中的正向引导和反向制止
来源：作者绘制。

反向制止，即通过干预农宅景观变化过程中的驱动因素，以减少、甚至制止与人口增长不相匹配的农宅景观增长，来降低农村居民点对县域景观格局的负面影响。对于干预农宅景观变化过程的驱动因素，可以以上一章中对农宅景观空间变化模式驱动力分析中的各项因素作为探讨的视角。

接下来将对农民生计反哺的两个主要方面分别进行深入的策略探讨，其中，正向引导中仅对以增加收入为目的的景观变化进行探讨，而非景观类的生计资本反哺与本书的研究对象县域景观格局关联较小，则不再讨论。

6.3.2　正向引导农民生计反哺中的景观变化："政企联合" + 规划

上一章的最后部分探讨了政府、企业为农民的第一产业生产提供了大量的社会资本，进而引导农民通过第一产业的集约化或扩大化生计策略来追求收入增加，导致第一产业景观的变化。然而，为了县域发展中的景观格局维持，除了政企联合为分散的农民群体提供有利于第一产业及其景观变化的社会资本，农民作为个体对自身生活范围的空间尺度以上的其他尺度缺乏概念。因此，对于县域发展中的景观格局维持，除了政企联合提供社会资本，还需要以规划来对农民在生计循环中推动景观的变化进行空间上的引导。

6.3.2.1 正向引导农民景观空间变化的途径：城乡规划体系

引导农民生计循环中推动景观变化的过程不仅需要社会资本，还需要规划在空间上的引导。就当下的县域空间管控体系来看，相较于土地利用规划体系，城乡规划体系更为适合作为引导农民生计循环乃至推动景观变化的途径。具体原因主要有以下 3 方面。

首先，城乡规划体系的设计视角越发具有综合性。从本研究第 1 章中的景观格局变化驱动力研究综述、第 2 章的发展与景观格局变化关联建构开始，就一直强调景观格局变化和其驱动力、驱动因素之间，存在着高度复杂的系统内部或外部关系，在发展过程中无论景观格局变化与否，都可能受到多种相互抵消或相互作用的驱动因素影响，因此，引导农民生计循环中的景观变化，更加需要的是城乡规划体系的综合性，引导农民、乡村在发展的过程中促进景观要素朝着有利于县域格局的方向变化。

其次，城乡规划体系具有丰富的空间设计手段。城乡规划的综合性视角可以保障对农民、农村生计循环中景观变化的引导的目标更全面，但在全面、综合的目标下，城乡规划在空间设计上的具体丰富设计手段，是实现引导的极其重要的途径。在这方面，土地利用规划体系的自身目标和特点注定了其难以在引导的途径上提供保障。

最后，城乡规划体系在县域范围内有着"县—镇—村"的完整层级体系。在前面的农宅景观空间变化模式驱动力研究中指出，村民若想新建农宅，需要通过行政村统一向镇政府报批，这一流程的原因就在于没有村级的《土地利用总体规划》。城乡规划体系在县域范围内具备的三级体系在引导农民生计过程中的景观变化时有着重要的意义，一方面，三级体系使得村域规划有着对于规划由上至下的落地更周全的、结合村域特点的具体考虑；另一方面，村域规划对于农民推动景观变化有着更直接、清晰的引导。城乡规划体系的"县—镇—村"层级体系，是在它的目标综合性强、设计手段丰富特点之外，对农民生计循环中引导景观变化的有效保障。

6.3.2.2　村级规划对农民推动景观变化的空间引导案例

为了在空间上引导农民生计循环中推动景观的变化，《五桂山桂南村秀美山庄规划》的规划设计实践中，基于大尺度的景观格局，在该村级规划中，基于农民当地的特色果林、林木种类，为农民提供了有利于更大尺度景观格局的推动景观变化途径，提出了新增林地景观廊道的建议。

如图 6-9（a）所示，桂南村所处的区位位于中山市最主要的群山，即五桂山的南部，穿过桂南村境内的桂南大道的开通将西北部的五桂山中最大的林地斑块与东南侧相对小片的林地斑块切割开来，桂南村的辖区范围正好处于使五桂山的大型林地景观斑块越加分离的位置，处于更大尺度景观格局考虑，规划在村域范围内增设廊道联通西北和东南林地斑块以增强连通性［图 6-9（b）］，以增强景观的整体功能。

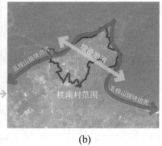

　　　　　　（a）　　　　　　　　　　　　（b）

图 6-9　桂南村所在区位及与两侧林地斑块关系
来源：高海峰《可持续发展视角下乡村景观建设的传承与提升》。[197]

为了在村内规划增设廊道，设计从村域范围内的绿地系统着手考虑［图 6-10（a）］。村域范围内的西北部为五桂山山体［图 6-10（c）］，经过西北侧河流，在图 6-10（b）中可见较大面积的香樟树林，被村民建设成颇有野趣的香樟公园［图 6-10（d）］。规划设想通过廊道实现"五桂山山体—香樟树林—设计廊道—桂南大道东南侧林地"中各片林地景观的连通，在现有闲置用地上规划设计了一条宽约55 米的林地廊道通往桂南大道另一侧的溪流和大片的林地［图 6-10（b）中红色虚线框位置］。

规划增设的林地廊道在土地利用规划中的对应和落实如图 6-11、图 6-12 所示。然而，由于在城乡规划的土地利用分类规划中，林地与耕地都为 E2 类农用地，于是规划在说明书中提出具体的建议指引：在规划实施的过程中，对设计廊道位置的 E2 用地范围内建议，即作为林地，种植林木的具体种类首选为松林、桉林、杉林和相思林，其次为中山市本地的荔枝树、龙眼树或菠萝树。

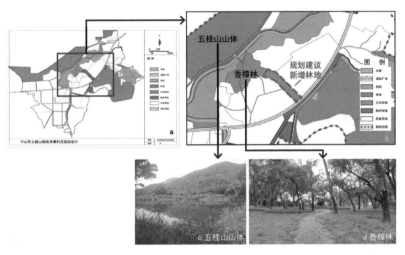

图 6-10 由绿地系统规划入手的廊道设计
来源：高海峰《可持续发展视角下乡村景观建设的传承与提升》。[197]

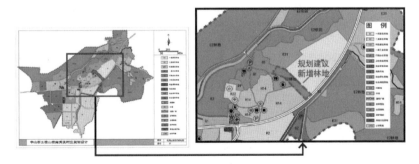

图 6-11 桂南村土地利用规划中廊道的对应
来源：高海峰《可持续发展视角下乡村景观建设的传承与提升》。[197]

图 6-12　2012 年桂南村航拍，规划设计现状及其中廊道规划位置对应
来源：谷歌地球。

《五桂山桂南村秀美山庄规划》这一案例在村域范围内，由村庄规划中的绿地系统规划入手寻求合理的廊道位置及宽度，经由土地利用规划落实，并在说明书中向村民提出具体的种植建议，使村域两侧的大型林地景观斑块连通性增强，让林地景观在大尺度的景观格局中的控制力得到一定程度的增强，是城乡规划通过自身的综合性和空间设计手段、完善的层级 3 方面特点，对农民推动景观变化的空间引导案例。

桂南村的规划案例中仅有一条廊道的规划设计，然而，这样小幅度范围内有限的土地利用和景观规划设计，是通过城乡规划对村域以上镇域乃至县域的景观格局正向引导的重要组成部分。通过这一案例可以发现，城乡规划体系自身的特点使其已经具备了将景观生态规划融入的条件。城乡规划体系在中华人民共和国成立以来经历了多个时期的变革[198]，在"生态文明建设""青山绿水"的背景下，城乡规划体系又有了变革的需求和方向，如何使城乡规划的综合性更符合景观格局维持的需求、县域发展的弱可持续性向强可持续性转型的需求，是未来探讨的重点。

6.3.2.3　政策、规划引导下农民推动景观变化的响应案例

上面以中山市的桂南村庄规划在实施中还并未将这部分设计内容具体落实，主要原因在于该景观变化的引导缺乏对农民调整生计循环具有吸引力的配套政策。上一章中提到了政企联合通过提供社会资本，促进了县域第一产业的规模化，进而正向引导了农民以增收为目的的景观变化，然而，对于其中农民对景观格局的正向作用，更多是通过 3

个县域的住宅增长量对比来具体反映，无论是新兴县还是德庆县的第一产业案例，都欠缺在县域空间上对景观格局和生态过程的具体响应。在此，以 Tang 等人对政策、规划响应下的农民生计循环中推动了景观变化过程，改善了景观格局和恢复生态过程的研究为例[199]，说明农民对政策的响应、规划的遵循过程可能对景观格局产生有利影响。

Tang 等人的研究区域为甘肃省白银市内的盐沟岭行政村，处于黄土高原的范围之内，研究时段为 1997—2006 年。在研究时间初段，盐沟岭村一方面较为贫穷，当地农民人均收入约为 114 美元，主要依靠村内的梯田景观种植粮食作为主要收入来源；另一方面盐沟岭村具有黄土高原地形地貌典型的水土流失生态等脆弱性特征。

在研究时段内随着国家宏观尺度下的"退耕还林"政策实施，这一政策在各级规划中得以落实，使得盐沟岭村各自然村中的村民在政策的影响下，依照规划推动梯田景观向果林景观的转变，如图 6-13 所示，盐沟岭行政村下 14 个自然村将绝大部分的梯田景观转变为耕地景观。

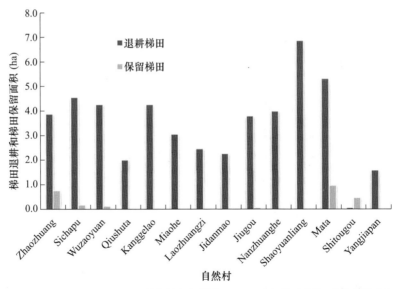

图 6-13　盐沟岭各自然村 1999—2006 年梯田退耕面积和保留面积
来源：Tang 等人的研究。[199]

由图 6-14 的 2006 年对盐沟岭村民的收入结构调查，反映了作为生计资本的景观的变化使得农民的生计策略得以调整。出售水果成为村民中最主要的收入。原本在梯田上的粮食耕种需要更多的人力，而果树的种植则减少了对劳动力的需求，使得村民在闲暇时间到附近的乡镇企业工作，通过出售劳力增加收入，一定程度实现了生计策略的多样化。而图 6-15 中的内容则反映了依据景观变化的生计策略调整后农民人均收入的变化，由 1997 年的 114 美元增加至 295 美元，增长了近 3 倍。

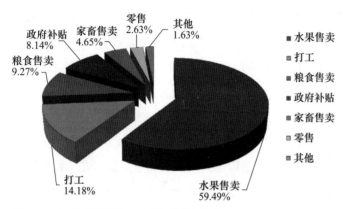

图 6-14　2006 年盐沟岭村 84 户村民的收入构成
来源：Tang 等人的研究。[199]

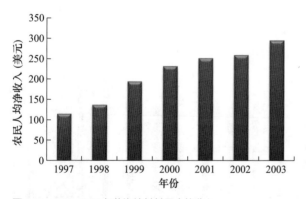

图 6-15　1997—2003 年盐沟岭村村民人均收入
来源：Tang 等人的研究。[199]

　　水土流失是一种生态过程[200]。在对农民生计循环的引导下，盐沟岭村农民推动的景观变化同时导致了景观格局变化，进而促进了生态过程的转变。由表 6-3 中的多项水土保持相关指标可见，虽然1998—2007 年盐沟岭的降雨量呈波动的状态，但是随着农民所推动的梯田景观向果林景观转变，当地的地表径流、水土流失、沉积量在研究时段内持续降低，景观格局的改变导致生态过程的转变。

表 6-3   1998—2007 年盐沟岭村水土流失相关监测统计数据

年份	降水量/mm	地表径流/10^4m^3	水土流失/t	沉积量/ $(t\,km^{-2}yr^{-1})$
1998 年	567.8	37.83	13,950.00	2900.61
1999 年	494.6	27.00	70,782.00	1532.74
2000 年	367.0	22.70	27,242.00	589.91
2001 年	551.2	18.23	28,324.36	613.35
2002 年	496.7	8.90	14,489.2	313.75
2003 年	657.8	4.63	3722.59	80.61
2004 年	411.5	18.13	26,085.00	564.85
2005 年	475.4	17.00	6160.00	133.39
2006 年	441.6	3.31	13.46	0.29
2007 年	662.6	10.13	1556.59	33.71

来源：Tang 等人的研究。[199]

在盐沟岭村的案例中，政府通过政策和规划的配套实施，引导农民通过景观变化调整自身拥有的景观生计资本，转变了生计策略获得更好的生计产出；并且，农民推动的景观变化还影响了景观格局，明显改善了当地长年累月的水土流失生态过程，使政府实现了景观格局优化的目的。盐沟岭村案例是农民作为生计主体/景观变化参与者，在生计循环中响应政策和规划，推动景观变化进而对景观格局产生有利影响的极佳案例。

6.3.3   反向制止农民生计反哺不合理农宅景观的策略探讨

不合理的农宅景观增长不仅是我国宏观上建设用地增长不合理的主要原因，在本书研究区域范围内，还是县域景观格局破碎化的原因。如图 6-8 所示，在农民生计循环维持景观格局的引导中，有着反向制止农民建设不合理农宅的途径。

根据高海峰等对中国农村区域农宅与人口增长进行的分析（图 4-1），这种不相匹配的增长现象存在已久。过往对农村的人口、住宅不相匹配增长现象研究主要为对农村"空心化"的研究。"空心化"的应对策略研究的实际目标与本部分的反向制止十分接近，因此，本部分先对过往的"空心化"进行综述研究，并在可持续生计方法下对"空心化"的应对策略进行分析，再根据上一章中的农宅景观空间变化模式驱动因素进行分析。

6.3.3.1 农宅与人口的不相匹配变化——"空心化"定义、原因及应对策略研究

农宅的大量增长与人口的快速城市化造成了农村的"空心化"，是 20 世纪 90 年代以后开始出现的现象 [201,202]，随着第 4 章中所分析的"大城市路线"阶段而愈演愈烈。2010 年，刘彦随等对我国农村居民点的"空心化"的具体规模进行了预估：全国 330 万个自然村的农村居民点面积将近 25 亿亩，一方面从总量上来看，这一规模大幅度高于我国持续强调的 18 亿亩耕地红线的规模；另一方面从户均、人均来看，按照户籍人口计算，户均高达近 1 亩，平均每人约 228m²，是具有强制性的国家标准《镇规划标准》（GB 50188—2007）中的规定的（村区域人均的建设用地 150m²）的 1.5 倍 [203]，根据图 4-1 中的农民建房高潮，这一数字在 2010 年后仍还在呈上升趋势。"空心化"现象造成了土地资源的双向浪费 [204]，引发了研究人员从诸多角度对"空心化"的研究。

（1）"空心化"的形成原因研究：城乡二元制是根本原因

如同驱动力研究对于景观格局变化规律、变化机制等的重要性，为了应对农村的"空心化"现象，诸多学者展开了对于"空心化"现象形成机制的研究。许多学者认为，空心化形成的主要原因在于农民思想观念和意识落后、城市化加速但不完全、农村建设规划管理滞后、农村基础设施缺乏 [205,206,202,207,208]，而王国刚基于前人的研究，整理了完整、详细的"空心化"形成的影响因素，包括环境条件、农业生产发展、工业化与城镇化推进、社会文化变迁、基础设施建设、居民生计多元化转型、户籍制度、土地利用制度及管理政策和其他因素，并将各项影响因素中的子因素如图 6-16 所示，归为内核推动力、外缓拉动力、系统突变力 3 类，并认为内核推力在"空心化"的过程中发挥着基础性、内发性推动作用，外缓系统的拉力是"空心化"最主导的驱动力——工业

化、快速城市化、户籍制度等都属于这一范畴，系统突变力则是不可预见性的导致快速空心化的事件或现象[209]。过往研究虽不断深入，然而作者认为不能忽略的一点是，究其根本，"空心村"现象始终是城乡户籍制度的遗存问题，在众多的影响因素中，带来一系列诸如经济差距、保障制度多轨等问题的城乡二元制是"空心化"的根本原因。

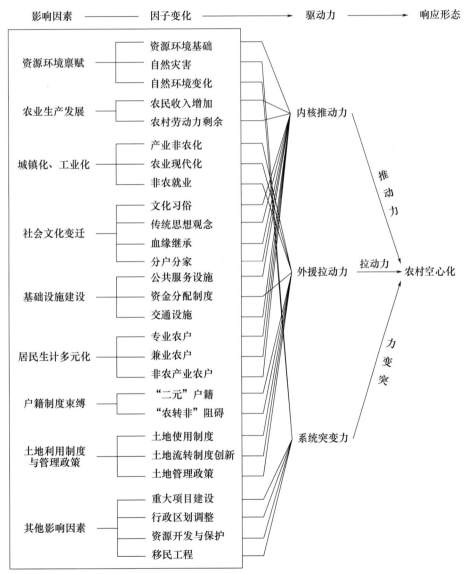

图 6-16 王国刚等归纳的"空心化"演进机制机理分析
来源：王国刚《中国农村空心化演进机理与调控策略》。[209]

（2）"空心化"研究对于不合理农宅景观增长的反向制止：缺乏由下至上的发展视角，存在因果混淆

基于"空心化"的形成原因研究，过往对于"空心化"的应对策略可归纳为以下几点：一是针对农民观念和意识，提出的宣传、教育等策略[205,206,208]；二是针对农村建设的管理落后，提出加大政府职能、加强管理等策略[203,205-208]，进而延伸出对土地整理、城乡建设用地增减挂钩等多方面政策的探讨[203]；三是促进农村经济发展[202,203]；四是针对宅基地制度的改革[202,206,208,209]；五是加强科学规划策略[202,203,205-207]。

但是，上述应对策略大多为由上至下角度出发的策略——以政府行为来的应对策略，即可持续生计方法框架中的"结构和过程转变"部分的探讨（图2-4）。然而，基于上一章中针对2010年后粤西北部地区3个代表县域的农宅景观变化研究可以发现，即使在农村土地使用权流转改革、城乡建设用地挂钩制度逐步建立、耕地保护的监管力度不断加大的政策背景下，依然存在大量的通过耕地景观转化的农宅景观增加现象。

粤西北部3个县域的农宅景观仍然在发生的侵占耕地现象说明，"空心化"的深入研究虽然提出了不断完善政府行为的构想，然而事实是这些研究缺乏农民的由下至上的发展视角，即可持续生计方法中由农民生计出发的生计产出反哺的思考。农民的发展是人类必然需求的一部分，在可持续生计方法框架下，农民的发展是一个接一个的循环（图2-4），每一个循环中都有着生计产出反哺生计资本的过程。即使政府控制农民住宅的管理力度和设计制度接近于完美，只要农民的生计产出缺乏反哺的渠道，农民也只能更多地选择反哺至物化资本中的农宅景观，导致农宅景观与人口不相匹配地增长，进而引发"空心化"的现象。因此，德庆县和新兴县在人均住房的增长率上表现出远落后于怀集县的差异（图5-13）。

另外，在对农村"空心化"现象的研究中存在着"空心化"相关的因果混淆。部分研究认为农民在投资建房导致"空心化"的过程中产生的负面影响之一[203,208]，是新建住宅限制了农民对农业的生产性

投资。这一观点间接证明了前一章中提出的农民在生计反哺过程中存在机会成本的观点，但是，从可持续生计方法视角来看，这一观点存在着因果混淆的问题：在农民的生计循环中缺乏农业生产性投资的渠道，以及其他生计资本反哺渠道，才是农民新建住房最终导致"空心化"现象的原因。不可否认的是，农民在新建住房投资和农业生产性投资之间，由于机会成本的存在，建房投资的确会影响农业生产性投资，但从农宅不合理的大规模增长的表现结果来倒着推断，缺乏农业生产性投资渠道的现象是在农民群体中更为普遍的现象。

由此可见，对农村"空心化"的研究从政府由上至下的视角，即可持续生计方法中的"结构和过程转变"部分出发对景观的影响考虑，为反向制止农民生计反哺至不合理的农宅景观提供了众多有效的策略，然而这些策略依然缺乏从农民发展需求出发、由下至上的视角。此外，既有研究提出的"空心化"所带来的负面影响与"空心化"自身之间存在一定的因果混淆。可见，从可持续生计方法视角对反向制止农民生计反哺导致不合理的农宅景观变化仍有值得探讨的地方。

6.3.3.2 可持续生计方法视角下的反向制止探讨：增加共同利益促进社会资本转型

上一章对农宅景观空间变化模式驱动力的研究中，对农宅景观变化产生影响的主要有人口因素（脆弱性背景中的人口趋势）、技术因素（技术趋势）、制度和管理（结构和过程转变）、城市和传统文化因素（社会资本）、村规民约（社会资本）、自然因素（自然资本）、传统村落的布局和民居类型（物化资本）的共同影响。

在多项影响农宅景观变化的因素中，社会资本中的基于传统文化因素的村规民约成为既有的"空心化"应对策略之外的较好切入点。图 5-31 中的结构和过程转变包括宅基地的审批、国土部门的监管等方面政府行为，针对这一方面影响因素的应对策略在对"空心化"的研究中已经较为深入，主要为加强监管力度、制度改革、科学规划等方面。而自然因素、传统村落布局和民居类型因素在生计资本中是既有的景观要素资本，更多是农宅景观在变化中需要遵循的轨迹依赖，即通常所说的因地制宜，对这些因素进行较大改变的应对策略成本较高，难以在广袤的农村区域形成普适性的应对策略。相对而言，属于社会资本的基于传统文化因素的村规民约可以成为探讨反向制止农宅景观变化的切入点。

在高海峰等人对农村人口趋势脆弱性的研究中指出，当今农村社会资本处于传统向现代转型困难的低效状态中：传统社会资本面临着社会关系网络淡化、互信水平下降、宗族关系网络日趋减弱等诸多问题，使得传统社会资本势弱；同时，普遍信任社会资本短缺、规范社会资本亏空、民间组织发展滞后和公民参与网络缺失等问题又造成现代社会资本发展缓慢，这造成了农村社会资本既不传统又不现代的尴尬状态[117]。

然而，从上一章的农宅景观空间变化模式驱动力分析来看，无论农民推动农宅景观从哪一种空间变化模式进行变化，都必然受到社会资本中村规民约的影响：在获得镇政府新批的宅基地后，宅基地需要由村规民约进行分配；而没有获得政府批准宅基地的农民推动农宅景观变化时，在村规民约的约束下需要避开村中如祠堂、风水林等公共景观，并且村规民约对于村民私人财产的保护有着模糊的边界，其中包括对农民占用自家承包的耕地景观建设住宅的保护，以及对村民间交换耕地进行农宅景观建设的默许。由此可见，基于可持续生计方法的农宅景观空间变化模式驱动力的分析中，社会资本中的村规民约是非常重要的影响因素，可以以社会资本作为反向制止农宅景观变化不合理变化的切入点。

传统的社会资本是以血缘和地缘关系为核心，而现代的社会资本以业缘、趣缘关系为核心，其中的业缘关系又以人们有着共同利益为最基本的出发点[210,211]。农村社会资本呈现既不传统又不现代的状态，但是，村规民约却始终在农民推动农宅景观变化的过程中起着重要的作用，反映推动农宅景观的变化对于同村村民而言存在着共同的利益点，即对其他村民在不侵犯自己利益甚至占用耕地景观的情况下建房予以默许，是因为自己将来可能也会在没有获批宅基地的情况下有着建房的需求。这就是村规民约在无论农宅景观变化是否与人口相匹配、是否违法的情况下都对其起着重要作用的原因。

根据农村当下现代社会资本低效的状况，对于反向制止农宅景观的不合理变化，除了"空心化"研究已经提出的加强管理、改善制度以促使社会资本向现代转型外，应考虑从增加他们的共同利益点的角度来促进社会资本转型，达到反向限制农宅景观的不合理变化的目的，尤其是反向制止农宅景观对公共景观、耕地景观造成的侵占。

基于当前仍然存在的农村社会资本，增加村民的共同利益途径，可以从当前不断增加的"三农"投入的渠道进行思考。自 2004 年起每年的中央一号文件都是针对农村改革、农业和农村发展的重要政策文件，国家对"三农"的财政扶持力度不断加大，例如 2006 年起废止了《农业税条例》，使农业税这一沿袭两千年的传统税收终结；2016 年起，根据财政部文件《财政部农业部关于全面推开农业"三项补贴"改革工作的通知》(财农〔2016〕26 号)，对全国农村区域拥有耕地承包权的农民推行农业支持保护补贴（此前为农业"三项补贴"），该政策的主要目的是对耕地的深层次保护，包括地力、粮食适度规模经营等。

政府加大"三农"投入的过程中存在着增加村民共同利益的契机，可以考虑根据村子的村民参与度对补贴进行梯度设置的形式来增加村民的共同利益，以推动社会资本向现代转型，以上面的农业支持保护补贴为例进行探讨。根据该政策文件，该项补贴的资金是通过"一卡（折）通"的方式直接兑现到户。为了增加村民的共同利益，可以考虑将补贴标准设置为有梯度的标准，例如村中参与保持耕地数量不减少、耕地地力保护的农户百分比越多，该村每户的补贴标准越高，并且补贴的下放以发放到村委后再进行平均发放给村民的形式进行。在这样的假设下，同村的村民之间存在着公共利益出发点，可以提高农民对保持耕地数量、保护耕地地力的真正参与度，进而较单纯的监管更好地反向制止农宅景观对耕地景观侵占的普遍现象。

对于农宅景观对村中公共景观的侵占，可以通过村镇规划对公共景观进行划定和定义，并以补贴政策进行配套，来促进村民的共同利益的增加，进而增强社会资本中的村规民约对农民推动农宅景观变化的反向制约。

另外，即使单一通过政府对"三农"的投入形式实现了对农宅景观变化的反向制约，已经造成的农村"空心化"现象依然将持续存在，尤其是其中难以适应生活方式转变的传统民居，为了提高这部分人工景观的使用频率，同样可以考虑从增加村民共同利益的角度进行治理：例如针对集体进行传统民居改造并使用的村落进行补贴，且村中传统民居参与改造的比例越高，补助的标准越高，提高村民对空置、废弃的传统民居改造和使用比例。

虽然农村的社会资本处于传统向现代转型困难的尴尬境界，但基于上一章对农宅景观空间变化模式驱动力的研究，社会资本中的村规民约对农宅景观的变化有着极其重要的影响。现代社会资本的建立以人们的共同利益为出发点，在反向制止农宅景观不合理变化的途径上，可以考虑从国家对"三农"持续加大的投入入手，增加村民们之间的共同利益点，促进农民社会资本向现代转型，通过其中村规民约的强化实现对农宅景观的反向制止。另外，增加农民间的共同利益、促进社会资本现代化，还可以在保护传统公共景观、提高传统民居利用率等问题上起到作用，是对村民生计循环中维持景观格局的重要引导途径。

与此同时，需要强调的是，借助国家持续加大"三农"的途径增加农民间的共同利益，是为了实现反向制止农民推动不合理的农宅景观变化，农民受国家政策引导在对共同利益的争取过程中，实际上改变了生计策略（即来自政府的转移性收入），实现了增加收入的生计产出结果。在这样的情况下，更加需要对农民生计反哺的正向引导；这也更加说明，对于引导农民生计循环对景观格局影响过程中的正向引导和反向制止两方面的相辅相成、缺一不可。

6.4　本章小结

本章是继续对粤西北部地区县域景观格局变化与发展关系的具体研究之后对应的探讨。虽然该地区县域在研究时段内努力减小发展不平衡的差距，但如何在继续缩小"不平衡"的目标下，维持仍然相对较好的县域景观格局，降低生态风险，提升发展的可持续性，是本章主要探讨的问题。本章首先讨论了县域景观格局变化中的主要问题，包括难以维持林地景观百分比、农村居民点建设导致的碎片化以及产业园建设导致的未利用地长期存在。然后，基于上一章对府和农民在推动景观变化方面的作用和动机，探讨了县域景观格局中的 3 个主要问题。本章的主要结论包括如下几个方面。

（1）对发展"不平衡"缩小过程中政府角度为维持景观格局的管理方式转变方向探讨。政府在发展中为了维持景观格局，需要更加关注从结果控制转向过程控制；另外，县域空间管控体系需要更好地协同合作，不仅注重规划结果，还要关注景观变化的过程管理。

（2）对政府管理角度下的林地景观百分比维持进行的探讨。即将出台的"生态红线"政策注重于关键的生态空间，但对于维持县域景观格局中的林地景观百分比并不足够；"占用征收林地定额管理"政策虽然具有强制性，但在实施中定额的分配向县域倾斜，反而造成了这些县域的林地景观成为建设用地转入的主要景观要素；另外，对于发展中的县域林地景观保持提出两方面政策建议，一是以县域范围内"山地＋丘陵"地形面积的一定比例划定为林地景观保持的底线；二是将人均 GDP 与全国水平的比较纳入占用征收林地定额分配的参考依据，以更好地缩小发展上的"不平衡"。

（3）对政府管理角度下的未利用地控制的探讨。长期存在的未利用地是规划、政策和经济因素的结果。针对这 3 方面因素，提出设置以建成区斑块面积比例设定单个产业园斑块面积上限以促进产业园的分区，设置已建设范围内的未利用地所占比例促进产业园的分期实施开发，对产业园区内设置保留绿地率来保留一定原有景观可作为景观格局中的斑块和廊道。

（4）对农民发展角度的引导生计反哺以降低对景观格局影响的策略探讨。可以通过正向引导和反向制止的途径来降低农民对景观格局的影响，其中正向引导指促进农民疏通除农房建设之外的生计产出反哺渠道，包括政企联合为农民的第一产业景观变化提供支持，以及城乡规划可以对农民进行空间上的引导；反向制止的基础是当前村规民约在农宅景观变化中仍有重要作用，提出国家不断加大对"三农"支持政策应以更多地增加农民间的相互利益为出发点，以促进社会资本向现代转型，进而实现对不利于景观格局的农宅景观变化的制止。

本章研究基于政府和农民在景观变化中的不同角色，从不同的视角探讨了如何在缩小发展中"不平衡"的过程中维持县域景观格局的具体应对，是前几章县域景观格局变化与发展关系研究的后续探讨。

7 结论与展望

7.1 主要研究结论

本研究选用了源自贫困研究的可持续发展评估工具——可持续生计方法作为基础框架，以典型的发展"不平衡"区域——粤西北部地区县域为研究对象，采用系统论的方法，通过对县域景观格局变化和县域发展两个系统的分解、相互影响、驱动力机制的研究，对县域景观格局变化和县域发展之间的关系进行了探讨。主要结论如下。

（1）在可持续生计方法这一发展评估工具的框架下，县域景观格局变化与发展之间的关系体现在两方面：一方面是县域景观格局是县域追求发展过程中某一个时间点上发展所导致的结果；另一方面是景观格局中的各类景观要素是县域追求发展过程中所拥有的资本。

选用的可持续生计方法将发展视为一个又一个循环的过程，景观格局及其中要素属于生计资本部分，既是发展循环过程的起点，又是发展循环过程的终点。县域景观格局中的景观要素，是县域发展的过程中所拥有的资本对象，其变化主要是因为在发展中被使用。景观要素的变化导致县域景观格局的变化，因此县域景观格局是在某一个时间点发展所导致的结果。

（2）发展"不平衡"县域的景观格局呈人工化、破碎化、多样性增强的变化趋势，且变化的过程表现出缺乏计划性，县域景观格局的变化导致生态系统服务功能的退化，使得生态安全的风险增加。

通过对粤西北部地区县域景观格局变化研究发现，发展"不平衡"区域的景观格局在整体上的变化越来越剧烈，景观要素间的变化呈现出自然景观向半自然景观转变、自然和半自然景观又都向人工景观加速转变的趋势，而各景观要素的变化过程反映出人类活动的无计划性，说明县域空间缺乏景观角度的管控。县域景观格局呈人工化、破碎化、多样性增强的变化趋势，引起生态系统功能的退化，导致生态安全的风险增加。

（3）县域景观格局变化随发展的不同阶段特点而表现出明显的差异。县域景观格局变化的主要原因可归结为：县域对稳固第一产业基础上推动工业化的发展策略的追求。

通过使用可持续生计方法工具对粤西北部县域发展的评估发现，在研究时段内，粤西北部地区县域的景观格局变化支撑着该地区县域在波动中缩小了发展中的"不平衡"，县域景观格局变化的特征随县域发展的 3 个不同阶段而表现出明显的差异。在县域发展的过程中，县域为了实现稳固第一产业、推动工业化的发展策略，以县域中的各类景观要素的变化作为实现这一发展策略的空间实体支撑。

（4）县域景观格局变化的驱动力具有高度的复杂性，反映了县域这一尺度上宏观与微观结合的特点。在可持续生计方法的框架下，不同的主导对象推动景观变化的目的和驱动力的渠道存在差异。

基于县域发展对景观格局变化的影响研究，县域景观格局变化的驱动力具有高度的复杂性，反映了县域这一尺度上宏观与微观相结合的特点，其中"由上至下"和"由下至上"的景观变化驱动力分别由政府和农民主导。在可持续生计方法的框架下，政府和农民推动景观变化的目的分别是促进经济增长和提升基础设施水平、增收和提高生活水平，而推动景观变化的主要渠道分别是框架中的结构和过程转变、生计产出的反哺。

（5）不同层级政府主导景观变化的驱动力有着巨大的差异。根据政府主导景观变化的驱动力渠道，政府在"不平衡"缩小的过程中对景观格局的维持，需要对县域空间的管控方式由结果管理转向过程管理。

由政府主导的建设用地景观变化中，不同层级的政府主导景观变化的驱动力存在着巨大的差异，县级以上政府推动的景观变化有量大、速度快等特点。对于上层政府而言，推动县域景观变化的目的在于更大尺度的目标，对于县域发展的影响主要在于促进了经济增长和基础设施的提升；而县级政府政策在与各镇区的建设用地关系上，反映了政府政策与景观之间表现出影响与响应的互动关系。为了使县域在进一步缩小发展"不平衡"的过程中维持景观格局，对政府主导景观变化驱动力的建议是，使县域景观空间的管控由结果管理更多地转变为过程管理，并针对县域景观格局变化中的林地景观保持、未利用地控制两方面问题，提出多项促进结果管理转向过程管理的指标探讨。

（6）在农民主导景观变化的过程中存在着机会成本，农民推动景观变化的过程受到多方面的复杂因素的影响。为了让农民在自身发展的过程中减少对景观格局的负面影响，可以从正向引导和反向制止两方面探讨。

在农民推动景观变化的途径中存在着机会成本，各种途径比较之下，以增加收入为目的的景观变化对县域景观格局变化影响较小。农民推动果林景观、农作物景观、农宅景观变化的过程中，除了生计产出反哺这一主要驱动力外，还受到多方面因素的影响。为避免农民在发展过程中推动不利于景观格局的、与人口不相匹配的农宅景观变化，从正向引导，通过政府和企业联合提供第一产业发展所需的社会资本，并通过城乡规划在空间上进行引导；而反向制止的策略主要是，借助国家不断加大对"三农"投入的过程，设置能够增加农民共同利益的政策，以达到促进农村社会资本现代化的目的来反向制止农宅景观的变化。

7.2 后脱贫时代的县域景观格局与发展探讨展望

本书开展县域景观格局与发展探讨采用的论证基础主要集中于脱贫攻坚战全面胜利之前，在当前我国脱离了绝对贫困的时代背景下，相对贫困仍将是我国城乡发展、区域发展不平衡、不充分的突出问题，而县域尺度则依然是城乡发展的纽带，也是城乡经济的结合，还是宏观经济与微观经济的联结。在后脱贫时代，对县域景观格局与发展的未来探讨也许可以从以下几方面重点展开。

（1）多样化的县域发展与景观格局关系探讨

通过本书的探讨可以发现，仅在粤西北部地区范围内，即使在相似的工业化生计策略趋势下，各个县域案例根据自身的自然资本、人力资本等的不同，在发展模式上依然呈现了多样化的特征，而多样化的发展模式引发了县域景观格局变化的不同。本书选取的案例主要位于珠三角经济圈的外围，而在更为宏观的尺度还有更多县域在区位维度上具有多样化的特征，对于这些更为多样化的县域景观格局与发展关系的探讨，对于后脱贫时代我国发展不平衡、不充分矛盾的缓和，以及对"绿水青山就是金山银山"理念的践行，都有着重要的意义。

（2）基于社会参与和治理的景观格局维持探讨

本书对县域尺度的探讨更多是中观尺度上的，在这一尺度上对于景观格局与发展的探讨，更偏向于由中观至微观作用的探讨。然而，小尺度的研究既能反映中观尺度的共性特征，又可以反映中观尺度包含的多样性，能够促进顶层设计的规划与政策更好地实现落地。在落地过程中，县域景观格局中局部的小尺度景观要素维持，需要更为有效的社会治理与社会参与。本书在农房景观要素变化的驱动力以及管控中都发现"村规民约"起着重要的作用，如何通过社会治理与社会参与，促使乡村社会资本由传统向现代转型，使上层的规划与政策意图更好地落实至县域景观格局的各个局部，实现在发展不平衡缩小的过程中维持既有的景观格局，降低发展对生态系统服务功能的影响，实现县域的高质量发展转型。因此，基于社会参与和社会治理的景观格局维持探讨，将是接下来县域景观格局与发展间关系探讨中的重点。

参考文献

[1] 文克·E·德拉姆施塔德. 景观设计学和土地利用规划中的景观生态原理 [M]. 北京：中国建筑工业出版社，2010.

[2] 邬建国. 景观生态学：格局、过程、尺度与等级（第二版）[M]. 北京：高等教育出版社，2007.

[3] 赵士洞，张永民. 千年生态系统评估报告集（一）[M]. 北京：环境科学出版社，2007.

[4] 赵汀阳. 人类永恒的主题 [M]. 长沙：湖南人民出版社，1999.

[5] 韦薇. 县域城乡一体化与景观格局演变相关性研究 [D]. 南京：南京林业大学，2011.

[6] 陈清浩. 贫困：制约广东发展的软肋 [N]. 南方日报，2010-06-07.

[7] 郭文华. 城镇化过程中城乡景观格局变化研究 [D]. 北京：中国农业大学，2004.

[8] Troll C. Landscape ecology (geoecology) and biogeocenology — A terminological study[J]. Geoforum, 1971, 2(4): 43-46.

[9] 邬建国. 景观生态学——概念与理论 [J]. 生态学杂志，2000, 19(1): 42-52.

[10] 黄茹莉. 国际可持续性评价方法研究进展与趋势 [J]. 生态经济，2015(1): 18-22, 108.

[11] Wu J. Landscape sustainability science: ecosystem services and human well-being in changing landscapes[J]. Landscape Ecology, 2013, 28(6): 999-1023.

[12] Dewan H. Sustainability Index: An Economics Perspective[M]. 2006.

[13] 云浮市地方志编纂委员会编. 云浮市志 [M]. 广州：广东人民出版社，2012.

[14] 王振华. 肇庆市志. 上 [M]. 广州：广东人民出版社，1999.

[15] 肖禾，张茜，李良涛，等. 不同地区小尺度乡村景观变化的对比分析 [J]. 资源科学，2013(8): 1685-1692.

[16] 岑晓腾. 土地利用景观格局与生态系统服务价值的关联分析及优化研究 [D]. 杭州：浙江大学，2016.

[17] 布仁仓, 胡远满, 常禹, 等. 景观指数之间的相关分析 [J]. 生态学报, 2005(10): 2764-2775.

[18] 刘颂, 郭菲菲, 李倩. 我国景观格局研究进展及发展趋势 [J]. 东北农业大学学报, 2010(6): 144-152.

[19] 肖笃宁, 赵羿, 孙中伟, 等. 沈阳西郊景观格局变化的研究 [J]. 应用生态学报, 1990(1): 75-84.

[20] Gobster P H. (Text) Mining the LANDscape: Themes and trends over 40 years of Landscape and Urban Planning[J]. Landscape & Urban Planning, 2014, 126(6): 21-30.

[21] 吴健生, 王政, 张理卿, 等. 景观格局变化驱动力研究进展 [J]. 地理科学进展, 2012(12): 1739-1746.

[22] 张国坤, 卢京花, 宋开山, 等. 吉林省镇赉县近 10 年景观格局变化 [J]. 生态学报, 2012(12): 3958-3965.

[23] 焦峰, 温仲明, 王飞, 等. 黄土丘陵县域尺度整体景观格局分析 [J]. 水土保持学报, 2005(2): 167-170.

[24] 何丙辉, 徐霞, 辜世贤. 潼南县土地利用景观格局特征分析 [J]. 水土保持研究, 2005(5): 134-137.

[25] 韩海辉, 杨太保, 王艺霖. 近 30 年青海贵南县土地利用与景观格局变化 [J]. 地理科学进展, 2009(2): 207-215.

[26] 胡贤辉, 杨钢桥, 张霞, 等. 农村居民点用地数量变化及驱动机制研究——基于湖北仙桃市的实证 [J]. 资源科学, 2007(3): 191-197.

[27] 张金萍, 汤庆新, 张保华. 基于 GIS 和 RS 的山东冠县居民点景观格局特征变化研究 [J]. 山东农业科学, 2008(6): 24-26,30.

[28] 于淼, 边振兴, 李建东. RS 与 GIS 支持下的桓仁县农村居民点景观格局与空间分布特征分析 [J]. 西南师范大学学报（自然科学版）, 2009(4): 106-114.

[29] 吴江国, 张小林, 冀亚哲, 等. 县域尺度下交通对乡村聚落景观格局的影响研究——以宿州市埇桥区为例 [J]. 人文地理, 2013(1): 110-115.

[30] 潘竟虎, 靳学涛, 韩文超. 甘谷县农村居民点景观格局与空间分布特征 [J]. 西北大学学报（自然科学版）, 2011(1): 127-133.

[31] 刘颂，郭菲菲. 基于景观格局分析的乡村居民点布局优化研究 [J]. 东北农业大学学报，2010(11): 42-46,161.

[32] 王兮之，李森，王金华. 粤北典型岩溶山区土地石漠化景观格局动态分析 [J]. 中国沙漠，2007(5): 758-764.

[33] 彭保发，陈端吕，李文军，等. 土地利用景观格局的稳定性研究——以常德市为例 [J]. 地理科学，2013(12): 1484-1488.

[34] 甄霖，谢高地，杨丽，等. 泾河流域分县景观格局特征及相关性 [J]. 生态学报，2005(12): 3343-3353.

[35] 吴健生，宗敏丽，彭建. 基于景观格局的矿区生态脆弱性评价——以吉林省辽源市为例 [J]. 生态学杂志，2012(12): 3213-3220.

[36] 曾辉，唐江，郭庆华. 珠江三角洲东部地区常平镇景观组分转移模式及动态变化研究 [J]. 地理科学，1999(1): 74-78.

[37] Fox J, Krummel J, Yarnasarn S, et al. Land-Use and Landscape Dynamics in Northern Thailand - Assessing Change in 3 Upland Watersheds[J]. Ambio, 1995, 24(6): 328-334.

[38] 曾辉，高凌云，夏洁. 基于修正的转移概率方法进行城市景观动态研究——以南昌市区为例 [J]. 生态学报，2003(11): 2201-2209.

[39] 袁力，赵雨森，龚文峰，等. 基于 RS 和 GIS 扎龙湿地土地利用景观格局演变的研究 [J]. 水土保持研究，2008(3): 49-53.

[40] 刘铁冬，许大为. 景观生态学案例分析：河流景观格局与生态脆弱性评价 [M]. 北京：科学出版社，2015.

[41] 鲍文东. 基于 GIS 的土地利用动态变化研究 [D]. 青岛：山东科技大学，2007.

[42] 于兴修，杨桂山. 中国土地利用／覆被变化研究的现状与问题 [J]. 地理科学进展，2002(1): 51-57.

[43] 孙雁，赵小敏. 分宜县土地细碎化的中观尺度研究 [J]. 中国土地科学，2010(4): 25-31.

[44] Bürgi M, Hersperger A M, Schneeberger N. Driving forces of landscape change — current and new directions[J]. Landscape Ecology, 2004, 19(8): 857-868.

[45] 摆万奇, 赵士洞. 土地利用变化驱动力系统分析 [J]. 资源科学, 2001(3): 39-41.

[46] Wood R H J. Landscape dynamics and the management of change[J]. Landscape Research, 2001, 26: 45-54.

[47] Blaikie P. The political economy of soil erosion[M]. London, UK: Longman, 1985.

[48] Cheng Q, Wu X. Landscape pattern change and its driving forces in Xixi National Wetland Park since 1993[J]. Chinese Journal of Applied Ecology, 2006, 17(9): 1677-1682.

[49] Moreira F, Rego F C, Ferreira P G. Temporal (1958–1995) pattern of change in a cultural landscape of northwestern Portugal: implications for fire occurrence[J]. Landscape Ecology, 2001, 16(6): 557-567.

[50] Nassauer J I. Culture and changing landscape structure[J]. Landscape Ecology, 1995, 10: 229-237.

[51] Hasselmann F, Csaplovics E, Falconer I, et al. Technological driving forces of LUCC: Conceptualization, quantification, and the example of urban power distribution networks[J]. Land Use Policy, 2010, 27(2): 628-637.

[52] Pan D, Domon G, Blois S D, et al. Temporal (1958–1993) and spatial patterns of land use changes in Haut-Saint-Laurent (Quebec, Canada) and their relation to landscape physical attributes[J]. Landscape Ecology, 1999, 14(1): 35-52.

[53] 阳文锐. 北京城市景观格局时空变化及驱动力 [J]. 生态学报, 2015(13): 4357-4366.

[54] 齐杨, 邬建国, 李建龙, 等. 中国东西部中小城市景观格局及其驱动力 [J]. 生态学报, 2013(1): 275-285.

[55] Lambin E F, Geist H. Land-use and land-cover change : local processes and global impacts[M]. Springer, 2006: 308-324.

[56] Geist H J, Lambin E F. Proximate Causes and Underlying

Driving Forces of Tropical Deforestation[C], 2002: 143-150.

[57] Geist H J, Lambin E F. Dynamic Causal Patterns of Desertification[J]. Bioscience, 2004, 54(9): 817-829.

[58] Hersperger A M, Bürgi M. Going beyond landscape change description: Quantifying the importance of driving forces of landscape change in a Central Europe case study[J]. Land Use Policy, 2009, 26(3): 640-648.

[59] Antrop M. Landscape change: Plan or chaos?[J]. Landscape & Urban Planning, 1998, 41(3–4): 155-161.

[60] 徐中民, 钟方雷, 焦文献. 水—生态—经济系统中人文因素作用研究进展 [J]. 地球科学进展, 2008(7): 723-731.

[61] Magnuson J J. Long-Term Ecological Research and the Invisible Present[J]. Bioscience, 1990, 40(7): 495-501.

[62] 赵晓燕. 基于 GIS 的西安市城市景观格局分析及其优化对策 [D]. 西安: 西北大学, 2007.

[63] 郑海金, 华珞, 欧立业. 中国土地利用/土地覆盖变化研究综述 [J]. 首都师范大学学报 (自然科学版), 2003(3): 89-95.

[64] 徐小黎, 史培军, 何春阳. 北京和深圳城市化比较研究 [J]. 地球科学进展, 2002(2): 221-228,305.

[65] 路鹏, 苏以荣, 牛铮, 等. 湖南省桃源县县域景观格局变化及驱动力典型相关分析 [J]. 中国水土保持科学, 2006(5): 71-76.

[66] 石玉胜, 肖捷颖, 沈彦俊, 等. 土地利用与景观格局变化的空间分异特征研究——以天津市蓟县地区为例 [J]. 中国生态农业学报, 2010(2): 416-421.

[67] 刘明, 王克林. 洞庭湖流域中上游地区景观格局变化及其驱动力 [J]. 应用生态学报, 2008(6): 1317-1324.

[68] Lambin E F, Meyfroidt P. Land use transitions: Socio-ecological feedback versus socio-economic change[J]. Land Use Policy, 2010, 27(2): 108-118.

[69] 黄淑玲, 周洪建, 王静爱, 等. 中国退耕还林 (草) 驱动力的多尺度分

析 [J]. 干旱区资源与环境, 2010(4): 112-116.

[70] Allen T F H, Starr T B. Hierarchy: Perspectives for Ecological Complexity[J]. Philosophy of Science, 2004.

[71] Brandt J. P J, Reenberg A. Rural land-use and dynamic forces-analysis of 'driving forces' in space and time[C]. Land-use changes and their environmental impact in rural areas in Europe, 1999: 81-102.

[72] 曹红军. 浅评 DPSIR 模型 [J]. 环境科学与技术, 2005(S1): 110-111,126.

[73] 康鹏, 陈卫平, 王美娥. 基于生态系统服务的生态风险评价研究进展 [J]. 生态学报, 2016(5): 1192-1203.

[74] 庞雅颂, 王琳. 区域生态安全评价方法综述 [J]. 中国人口. 资源与环境, 2014(S1): 340-344.

[75] 林佳, 宋戈, 宋思铭. 景观结构动态变化及其土地利用生态安全——以建三江垦区为例 [J]. 生态学报, 2011(20): 5918-5927.

[76] WCED. Our Common Future[R]. New York, 1987.

[77] NRC. Our Common Journey: A Transition toward Sustainability [R]. Washington, DC, 1999.

[78] 邬建国, 郭晓川, 杨稢, 等. 什么是可持续性科学 ?[J]. 应用生态学报, 2014(1): 1-11.

[79] Skolimowski H, Jacobs M, Daly H. Discussion of Beckerman's Critique of Sustainable Developemnt[J]. Environmental Values, 1995, 4(1).

[80] Daly H. C J. For the Common Good[M]. Boston: Beacon Press, 1989.

[81] Ness B, Urbel-Piirsalu E, Anderberg S, et al. Categorising tools for sustainability assessment[J]. Ecological Economics, 2007, 60(3): 498-508.

[82] Singh R K, Murty H R, Gupta S K, et al. An overview of sustainability assessment methodologies[J]. Ecological Indicators, 2009, 9(2): 189-212.

[83] 李铖. 长江三角洲城市化格局、驱动力及可持续性的研究：多尺度等级

途径 [D]. 上海：华东师范大学，2012.

[84] G.Roberts M, 杨国安 . 可持续发展研究方法国际进展——脆弱性分析方法与可持续生计方法比较 [J]. 地理科学进展，2003(1): 11-21.

[85] Scoones I. Livelihoods perspectives and rural development[J]. The Journal of Peasant Studies, 2009, 36(1): 171-196.

[86] Bebbington A. Capitals and capabilities: a framework for analyzing peasant viability, rural livelihoods and poverty[J]. World development, 1999, 27(12): 2021-2044.

[87] 汤青 . 可持续生计的研究现状及未来重点趋向 [J]. 地球科学进展，2015(7): 823-833.

[88] Solesbury W. Sustainable livelihoods: A case study of the evolution of DFID policy[M]. London: Overseas Development Institute, 2003.

[89] 苏芳，徐中民，尚海洋 . 可持续生计分析研究综述 [J]. 地球科学进展，2009(1): 61-69.

[90] 韩峥 . 脆弱性与农村贫困 [J]. 农业经济问题，2004(10): 8—12,79.

[91] 聂承静，杨林生，李海蓉 . 中国地震灾害宏观人口脆弱性评估 [J]. 地理科学进展，2012(3): 375-382.

[92] 阎建忠，喻鸥，吴莹莹，等 . 青藏高原东部样带农牧民生计脆弱性评估 [J]. 地理科学，2011(7): 858-867.

[93] DFID. Sustainable Livelihoods Guidance Sheets[M]. London: Department for International Development, 2000.

[94] 杨国安，徐勇，郭腾云 . 基于脆弱性和可持续生计视角的黄土高原生态环境治理研究 [J]. 水土保持研究，2010(2): 64-69.

[95] 佟玉权，龙花楼 . 脆弱生态环境耦合下的贫困地区可持续发展研究 [J]. 中国人口 . 资源与环境，2003(2): 50-54.

[96] 高海峰，张可男，于立，等 . 改革开放以来中国农村生计分析研究 [J]. 中国名城，2017(8): 14-22.

[97] 邬建国 . 景观生态学中的十大研究论题 [J]. 生态学报，2004(9): 2074-2076.

[98] 傅伯杰. 景观生态学原理及应用 [M]. 北京：科学出版社，2001.

[99] 陈文波，肖笃宁，李秀珍. 景观指数分类、应用及构建研究 [J]. 应用生态学报，2002(1): 121-125.

[100] 陈利顶，刘洋，吕一河，等. 景观生态学中的格局分析：现状、困境与未来 [J]. 生态学报，2008(11): 5521-5531.

[101] 庄大方，刘纪远. 中国土地利用程度的区域分异模型研究 [J]. 自然资源学报，1997(2): 10-16.

[102] 孙雁，刘友兆. 基于细碎化的土地资源可持续利用评价——以江西分宜县为例 [J]. 自然资源学报，2010(5): 802-810.

[103] 刘纪远. 西藏自治区土地利用 [M]. 北京：科学出版社，1992.

[104] Vitousek P M, Mooney H A, Lubchenco J, et al. Human Domination of Earth's Ecosystems[J]. Science, 1997, 277(5325): 494-499.

[105] Costanza R, Norton B G, Haskell B D. Ecosystem health: new goals for environmental management[J]. Ecosystem Health New Goals for Environmental Management, 1992.

[106] Liu G Y, Yang Z F, Chen B, et al. Emergy-based urban ecosystem health assessment: A case study of Baotou, China[J]. Communications in Nonlinear Science & Numerical Simulation, 2009, 14(3): 972-981.

[107] 陆丽珍，詹远增，叶艳妹，等. 基于土地利用空间格局的区域生态系统健康评价——以舟山岛为例 [J]. 生态学报，2010(1): 245-252.

[108] 肖风劲，欧阳华. 生态系统健康及其评价指标和方法 [J]. 自然资源学报，2002, 17(2): 203-209.

[109] 刘明华，董贵华. RS 和 GIS 支持下的秦皇岛地区生态系统健康评价 [J]. 地理研究，2006(5): 930-938.

[110] 史培军. 土地利用 / 覆盖变化研究的方法与实践 [M]. 北京：科学出版社，2000.

[111] 刘纪远. 中国资源环境遥感宏观调查与动态研究 [M]. 北京：中国科学技术出版社，1996.

[112] 王娟，崔保山，姚华荣，等. 纵向岭谷区澜沧江流域景观生态安全时空分异特征 [J]. 生态学报，2008(4): 1681-1690.

[113] 邓劲松，李君，余亮，等 . 快速城市化过程中杭州市土地利用景观格局动态 [J]. 应用生态学报，2008(9): 2003-2008.

[114] 段峥，宋现锋，石敏俊 . 密云县土地利用景观格局时空变化及驱动力分析 [J]. 水土保持研究，2009(5): 55-59,281.

[115] 邓书斌 . ENVI 遥感图像处理方法 [M]. 北京：高等教育出版社，2014.

[116] 李文庆，姜琦刚，邢宇，等 . 基于 Google Earth 的 ETM~+ 遥感图像自动分类方法 [J]. 江西农业学报，2012(12): 158-163.

[117] 高海峰，陈春，张可男，等 . 中国农村人口趋势的脆弱性分析 [J]. 中国农业资源与区划，2017(9): 135-143.

[118] 蔡昉 . 人口红利与中国经济可持续增长 [J]. 甘肃社会科学，2013(1): 1-4.

[119] 蔡昉 . 人口转变、人口红利与刘易斯转折点 [J]. 经济研究，2010(4): 4-13.

[120] 蔡昉 . 人口转变、人口红利与经济增长可持续性——兼论充分就业如何促进经济增长 [J]. 人口研究，2004(2): 2-9.

[121] 郗静 . 退耕还林政策影响下区域土地利用 / 覆被变化微观行为机制研究 [D]. 西安：西北大学，2009.

[122] 朱战强，刘黎明，张军连 . 退耕还林对宁南黄土丘陵区景观格局的影响——以中庄村典型小流域为例 [J]. 生态学报，2010(1): 146-154.

[123] 肖禾，李良涛，佟瞳，等 . 快速城镇化地区乡村景观生态恢复——以常熟市为例 [C]. 国际风景园林师联合会 (IFLA) 第 47 届世界大会、中国风景园林学会 2010 年会，2010: 6.

[124] 曹凑贵 . 生态学概论 . 第 3 版 [M]. 北京：高等教育出版社，2015.

[125] 索安宁，于永海，韩富伟 . 辽河三角洲盘锦湿地景观格局变化的生态系统服务价值响应 [J]. 生态经济，2011(6): 147-151.

[126] 卢京花，张国坤，宋开山，等 . 镇赉县景观格局与生态系统服务价值变化 [J]. 东北林业大学学报，2010(10): 51-54.

[127] 尹锴，赵千钧，文美平，等 . 海岛型城市森林景观格局效应及其生态系统服务评估 [J]. 国土资源遥感，2014(2): 128-133.

[128] 张明阳，王克林，刘会玉，等 . 桂西北典型喀斯特区生态系统服务价

值对景观格局变化的响应 [J]. 应用生态学报, 2010, 21(5): 1174-1179.

[129] 顾泽贤, 赵筱青, 高翔宇, 等. 澜沧县景观格局变化及其生态系统服务价值评价 [J]. 生态科学, 2016(5): 143-153.

[130] 苏常红, 傅伯杰. 景观格局与生态过程的关系及其对生态系统服务的影响 [J]. 自然杂志, 2012(5): 277-283.

[131] Riitters K H, O'neill R, Hunsaker C, et al. A factor analysis of landscape pattern and structure metrics[J]. Landscape ecology, 1995, 10(1): 23-39.

[132] 李秀珍, 布仁仓, 常禹, 等. 景观格局指标对不同景观格局的反应 [J]. 生态学报, 2004(1): 123-134.

[133] 赵文武, 傅伯杰, 陈利顶. 景观指数的粒度变化效应 [J]. 第四纪研究, 2003(3): 326-333.

[134] 宇振荣. 景观生态学 [M]. 北京: 化学工业出版社, 2008.

[135] 角媛梅, 马明国, 肖笃宁. 黑河流域中游张掖绿洲景观格局研究 [J]. 冰川冻土, 2003(1): 94-99.

[136] 高小红, 王一谋, 杨国靖. 基于 RS 与 GIS 的榆林地区景观格局动态变化研究 [J]. 水土保持学报, 2004(1): 168-171.

[137] 赵晓丽, 张增祥, 汪潇, 等. 中国近 30a 耕地变化时空特征及其主要原因分析 [J]. 农业工程学报, 2014, 30(3): 1-11.

[138] 高海峰, 张可男, 于立, 等. 促进城乡统筹发展的县域经济多样化生计策略研究——以粤西北部地区为例 [J]. 小城镇建设, 2017(2): 26-34.

[139] 刘小玄. 中国企业发展报告（1990—2000）[M]. 北京: 社会科学文献出版社, 2001.

[140] 傅春荣. 德庆贡柑打响广东柑桔销售战 [N]. 中华工商时报, 2008, 2008-11-21.

[141] 宣迅. 城乡统筹论 [D]. 西南财经大学, 2005.

[142] 王磊, 沈建法. 五年计划 / 规划、城市规划和土地规划的关系演变 [J]. 城市规划学刊, 2014(3): 45-51.

[143] 钟春艳, 李保明, 王敬华. 城乡差距与统筹城乡发展途径 [J]. 经济地理, 2007(6): 936-938.

[144] Forman R T T. Land Mosaics: The Ecology of Landscapes and Regions[M]. London:Cambridge University Press, 1995.

[145] 魏成，韦灵琛，邓海萍，等 . 社会资本视角下的乡村规划与宜居建设 [J]. 规划师，2016, 32(5): 124-130.

[146] 刘圣清，贺林平 . 让农民唱主角 [N]. 人民日报，2006, 2006-08-27.

[147] 张建军，陆葵菲，冯超君 . 企业带动 村民腰包鼓起来 [N]. 经济日报，2008, 2008-12-23.

[148] 龚标勋 . 春季成年柑桔树管理措施 [J]. 植物医生，2000(6): 46.

[149] 龚培钦，林致钎，陈珏，等 . 幼龄柑桔树管理关键技术 [J]. 现代园艺，2015(1): 34-35.

[150] 许丹丹 . 中国农村金融可持续发展问题研究 [D]. 长春：吉林大学，2013.

[151] Ipcc. Synthesis Report. Contribution of Working Groups I，II and III to the Fourth Assessment Report of the Intergovernmental Panel on Climate Change[R]. IPCC, Geneva, Switzerland, 2007.

[152] Willems P, Arnbjerg-Nielsen K, Olsson J, et al. Climate change impact assessment on urban rainfall extremes and urban drainage: methods and shortcomings[J]. Atmospheric research, 2012, 103: 106-118.

[153] 江慧珍，朱红根 . 气候变化对种植业的影响及应对策略 [J]. 农村经济与科技，2014(12): 37-39,31.

[154] 黄荣锋，蔡英群，蔡英卫，等 . 气候变化对古田县水果生产的影响及对策初探 [J]. 福建农业科技，2009(2): 39-40.

[155] 付金沐，刘小阳，张勇，等 . 砀山气候变化对水果生产的影响 [J]. 宿州学院学报，2009(3): 86-88.

[156] 段海来，千怀遂，杜尧东 . 未来气候情景下中国亚热带地区柑橘气候风险度变化 [J]. 自然资源学报，2011(6): 971-980.

[157] 马荣田，陈红萍，程惠艳，等 . 晋中地区气候变化对种植业的影响分析 [C]. 第 26 届中国气象学会年会农业气象防灾减灾与粮食安全分会场，2009: 6.

[158] 王琪珍，卜庆雷，王承军．莱芜气候变化对种植业的影响 [C]．第 27 届中国气象学会年会现代农业气象防灾减灾与粮食安全分会场，2010: 7.

[159] 程相苗．河南洛宁果树晚霜冻及补救措施 [J]．果树实用技术与信息，2012(3): 35.

[160] 辛岭．地方政府在农业产业集群中的作用——以广东省德庆县的调查为例 [J]．商业研究，2009(3): 71-75.

[161] 赵俊晔，武婕．2014—2023 年中国水果市场形势展望 [J]．农业展望，2014(4): 14-18.

[162] 干安生，王怡，高凤玲．关于"粮经比"概念的探讨——兼论粮食、经济作物和饲料三元种植结构 [J]．学术探索，2002(2): 39-41.

[163] 钟工销．粮经比概念存在局限性 [J]．农村经济与技术，2003(3): 9-10.

[164] 刘乃安．调整粮经作物种植结构的可行性研究——基于可持续发展的视角 [J]．管理学刊，2011(1): 42-44.

[165] 蔡昉．穷人的经济学 [M]．北京：社会科学文献出版社，2007.

[166] 肖笃宁．生态脆弱区的生态重建与景观规划 [J]．中国沙漠，2003(1): 8-13.

[167] 李立．乡村聚落：形态，类型与演变：以江南地区为例 [M]．南京：东南大学出版社，2007.

[168] 王建华．基于气候条件的江南传统民居应变研究 [D]．杭州：浙江大学，2008.

[169] 陆琦，李自若．时代与地域：风景园林学科视角下的乡村景观反思 [J]．风景园林，2013(4): 56-60.

[170] 陆琦，闫留超．当下乡村景观营建现状及方向 [J]．中国名城，2017(01): 24-28.

[171] 陆琦．广东民居 [M]．北京：中国建筑工业出版社，2008.

[172] 柳锦铭，陈通．基于社会资本理论的新农村治理对策研究 [J]．西北农林科技大学学报（社会科学版），2007, 7(6): 1-4.

[173] 李见顺．新农村建设：重建农村社会资本的路径选择 [J]．理论月刊，2008(5): 175-177.

[174] 聂飞．当前我国农村社会资本培育研究 [J]．广东农业科学，2010(1):

234-236.

[175] 谢辉，郑君，谈细育 . 两地各出奇招打造柑桔品牌 [N]. 南方日报，2005, 2005-12-08.

[176] 蔡海龙 . 农业产业化经营组织形式及其创新路径 [J]. 中国农村经济，2013(11): 4-11.

[177] 王慧 . 社会资本在"公司 + 农户"模式中的作用机制研究——以广东温氏集团为例 [J]. 当代经济，2015(17): 35-39.

[178] 陶志，罗琦 . 加快培育新型农业经营主体——以温氏集团为例 [J]. 农村经济与科技，2016(15): 67-69.

[179] 关文彬，谢春华，马克明，等 . 景观生态恢复与重建是区域生态安全格局构建的关键途径 [J]. 生态学报，2003(1): 64-73.

[180] 肖笃宁，高峻 . 农村景观规划与生态建设 [J]. 农村生态环境，2001(4): 48-51.

[181] 季茂晴 . 基于景观生态的县域生态农业规划与设计 [D]. 南京：南京农业大学，2006.

[182] 罗丽霞 . 县域农业景观生态规划与设计 [D]. 重庆：西南师范大学，2003.

[183] 马克明，傅伯杰，黎晓亚，等 . 区域生态安全格局：概念与理论基础 [J]. 生态学报，2004(4): 761-768.

[184] 欧定华，夏建国，张莉，等 . 区域生态安全格局规划研究进展及规划技术流程探讨 [J]. 生态环境学报，2015(1): 163-173.

[185] 李建伟，刘科伟 . 西北地区小城镇规划若干问题的探讨——以都兰县总体规划为例 [J]. 开发研究，2010(6): 16-18.

[186] 黄侨 . 基于景观生态学的城市绿地系统规划研究 [D]. 重庆：重庆大学，2013.

[187] 刘燕 . 基于景观生态学的土地利用格局优化研究 [D]. 重庆：西南大学，2010.

[188] 陈影，张利，何玲，等 . 县域土地利用规划对景观格局影响的定量化评价 [J]. 江苏农业科学，2014(8): 357-360.

[189] Yeh G O, Fulong W U. The New Land Development Process

and Urban Development in Chinese Cities[J]. International Journal of Urban & Regional Research, 1996, 20(2): 330-353.

[190] Yeh G O, Wu F. The transformation of the urban planning system in China from a centrally-planned to transitional economy[J]. Progress in Planning, 1999, 51(3): 167-252.

[191] 黄明华 . 分期规划：持续与接轨——市场经济体制下城市规划观念与对策 [J]. 城市规划汇刊, 1997(5): 21-23,63.

[192] 黄明华, 李莉, 迟志武 . 分期规划：体验与体现——以一次实践为例谈对城市总体规划的看法 [J]. 规划师, 2000(1): 84-87.

[193] 王富海, 孙施文, 周剑云, 等 . 城市规划：从终极蓝图到动态规划——动态规划实践与理论 [J]. 城市规划, 2013(1): 70-75,78.

[194] 丁辉明 . 广东省林地使用管理存在的问题与建议 [J]. 内蒙古林业调查设计, 2015(5): 5-7.

[195] 胡淑仪 . 广东省占用征收林地定额管理现状与对策 [J]. 中南林业调查规划, 2013(1): 23-25,29.

[196] 胡淑仪 . 改善广东省占用征收林地管理的思考 [J]. 中南林业调查规划, 2013(2): 10-13.

[197] 陆琦, 高海峰, 梁林 . 可持续发展视角下乡村景观建设的传承与提升——以中山市桂南村为例 [J]. 南方建筑, 2014(2): 70-75.

[198] 李浩 . 论新中国城市规划发展的历史分期 [J]. 城市规划, 2016(4): 20-26.

[199] Tang Q, Bennett S J, Xu Y, et al. Agricultural practices and sustainable livelihoods: Rural transformation within the Loess Plateau, China[J]. Applied Geography, 2013, 41(41): 15-23.

[200] 傅伯杰 . 地理学综合研究的途径与方法：格局与过程耦合 [J]. 地理学报, 2014(8): 1052-1059.

[201] 周祝平 . 中国农村人口空心化及其挑战 [J]. 人口研究, 2008(2): 45-52.

[202] 许树辉 . 农村住宅空心化形成机制及其调控研究 [J]. 国土与自然资源研究, 2004(1): 11-12.

[203] 刘彦随, 刘玉 . 中国农村空心化问题研究的进展与展望 [J]. 地理研究, 2010(1): 35-42.

[204] 程连生，冯文勇，蒋立宏 . 太原盆地东南部农村聚落空心化机理分析 [J]. 地理学报，2001(4): 437-446.

[205] 秦振霞，杨明金，宋松 . "空心村"问题及其解决对策 [J]. 农村经济，2009(3): 96-99.

[206] 张春娟 . 农村"空心化"问题及对策研究 [J]. 唯实，2004(4): 83-86.

[207] 龙花楼，李裕瑞，刘彦随 . 中国空心化村庄演化特征及其动力机制 [J]. 地理学报，2009(10): 1203-1213.

[208] 王海兰 . 农村"空心村"的形成原因及解决对策探析 [J]. 农村经济，2005(9): 21-22.

[209] 王国刚，刘彦随，王介勇 . 中国农村空心化演进机理与调控策略 [J]. 农业现代化研究，2015(1): 34-40.

[210] 费孝通 . 乡土中国 [M]. 上海：上海人民出版社，2007.

[211] 颜烨 . 转型中国社会资本的类型及其生成条件与机制 [J]. 西南师范大学学报（人文社会科学版），2004(1): 64-70.